就这么高效/好看/有趣/简单的通关秘籍系列

Word/Excel/PPT/PS 就这么高效

吴蕾 张迪 满美希 钱维扬 编著

电子工业出版社
Publishing House of Electronics Industry
北京·BEIJING

内 容 简 介

本书以商务办公为出发点,以短时间内提高工作效率为目标,充分考虑职场人士的实际需求,系统全面地讲解职场中常用的办公软件,包括 Word、Excel、PPT、Photoshop(简称 PS)。

全书共 22 章,分为 5 个部分:第一部分(从零起步:Office 应用技巧)包括第 1 章,即 Office 2019 入门;第二部分(妙笔生花:Word 应用技巧)包括第 2 ~ 7 章,即 Word 基础操作、使用样式高效制作文档、文档页面设置、使用表格、文档的图文混排、Word 高效办公;第三部分(一"表"人才:Excel 应用技巧)包括第 8 ~ 13 章,即 Excel 基础操作与数据输入、工作表的数据编辑与格式设置、表格数据的计算、表格数据的分析与管理、编辑 Excel 图表、数据透视表与数据透视图;第四部分(炫酷演示:PowerPoint 应用技巧)包括第 14 ~ 18 章,即 PowerPoint 2019 的基本操作、图文混排幻灯片的编排、演示文稿高级美化方法、制作动画效果的演示文稿、演示文稿的放映与输出;第五部分(精彩纷呈:Photoshop 应用技巧)包括第 19 ~ 22 章,即初识 Photoshop、图片处理技巧与实战、海报设计技巧与实战、广告设计技巧与实战。

本书既可作为零基础、想快速掌握商务办公技能读者的案头宝典,又可作为广大职业院校的教材用书。

未经许可,不得以任何方式复制或抄袭本书之部分或全部内容。
版权所有,侵权必究。

图书在版编目(CIP)数据

Word/Excel/PPT/PS 就这么高效 / 吴蕾等编著 . —北京:电子工业出版社,2022.4
(就这么高效 / 好看 / 有趣 / 简单的通关秘籍系列)
ISBN 978-7-121-42895-1

Ⅰ.①W… Ⅱ.①吴… Ⅲ.①办公自动化 – 应用软件 Ⅳ.① TP317.1

中国版本图书馆 CIP 数据核字(2022)第 021704 号

责任编辑:张　楠
文字编辑:白雪纯
印　　刷:中国电影出版社印刷厂
装　　订:中国电影出版社印刷厂
出版发行:电子工业出版社
　　　　　北京市海淀区万寿路 173 信箱　邮编　100036
开　　本:880×1 230　1/16　印张:14.5　字数:452.4 千字
版　　次:2022 年 4 月第 1 版
印　　次:2022 年 11 月第 2 次印刷
定　　价:69.00 元

凡所购买电子工业出版社图书有缺损问题,请向购买书店调换。若书店售缺,请与本社发行部联系,联系及邮购电话:(010)88254888,88258888。

质量投诉请发邮件至 zlts@phei.com.cn,盗版侵权举报请发邮件至 dbqq@phei.com.cn。
本书咨询联系方式:(010)88254579。

前言

办公软件功能强大、应用广泛，在日常办公中，职场及商务人士对其运用十分频繁。如果广大职场人士和商务精英能掌握 Word、Excel、PowerPoint、Photoshop（简称 PS）的使用技巧，必将能够大大提高工作效率，从而轻松赢得同事的掌声及赞许。本书采用 Office 2019 版进行讲解，并且适用于 Office 各主流版本。

本书具有以下特色。

- **职场案例，活学活用**：本书精心安排、详细讲解实用职场案例的制作方法。这种以案例贯穿全书的讲解方法，让读者学习和操作并行，学完就能运用到工作中。
- **一步一图 易学易会**：本书在进行案例讲解时，为每一步操作都配上对应的软件截图，让读者结合计算机中的软件，快速领会操作技巧，迅速提高办公效率。
- **专家点拨 少走弯路**：本书在讲解案例时，不是简单的操作步骤讲解，而是把相关提示穿插到案例讲解的过程中，真正解决读者在学习过程中的疑问，帮助读者少走弯路。
- **案例解说 全程视频**：为所有案例录制视频，可跟着图书内容同步学。若将文字和视频结合，则学习起来更轻松。
- **海量资源，拓展技能**：通过附赠资源，可让读者夯实基础，迅速提升职场技能。

本书既可作为零基础、想快速掌握商务办公技能读者的案头宝典，又可作为广大职业院校的教材用书。

关于本书的结果文件和素材文件，读者可登录华信教育资源网（www.hxedu.com.cn）下载，教学视频可通过扫描相应实例旁的二维码观看。

本书由吴蕾、张迪、满美希、钱维扬编写。其中，吴蕾编写第 1~7 章，张迪编写第 8~13 章，满美希编写第 14~18 章，钱维扬编写第 19~22 章。在撰写过程中，曹培强老师也参与了部分章节的编写，提供了很多关于 Photoshop 的资料内容，并协助录制了第五部分视频，在此表示感谢！由于计算机技术的发展非常迅速，加之编写时间所限，书中的疏漏和不足之处在所难免，敬请广大读者及专家批评指正。

作者
2021 年 12 月

目录

第一部分　从零起步：Office 应用技巧

第 1 章　Office 2019 入门　001

1.1　启动与退出 Office 2019【002】
1.2　认识 Office 2019 的操作环境【002】
1.3　定制个性化的办公环境【003】
1.4　办公实例：制作一个 Word 文档——录取通知书【005】

第二部分　妙笔生花：Word 应用技巧

第 2 章　Word 基础操作　008

2.1　初步掌握 Word 2019【009】
2.2　输入文本【011】
2.3　输入公式【012】
2.4　修改文本的内容【012】
2.5　文字的格式设置【017】
2.6　设置段落格式【019】
2.7　应用项目符号与编号【023】
2.8　制表位排版特殊文本【024】
2.9　办公实例：制作招聘启示【026】

第 3 章　使用样式高效制作文档　029

3.1　样式的基本知识【030】
3.2　快速使用现有的样式【030】
3.3　创建新样式【030】

3.4 修改与删除样式【032】
3.5 为样式指定快捷键【032】
3.6 办公实例：提取"员工手册"的目录【033】

第4章 文档页面设置 035

4.1 分栏排版【036】
4.2 文档的分页与分节【037】
4.3 设置页码【038】
4.4 设置页眉与页脚【039】
4.5 设置页面大小【040】

第5章 使用表格 042

5.1 插入表格【043】
5.2 编辑表格【044】
5.3 设置表格尺寸和外观【046】
5.4 办公实例：制作人事资料表【048】

第6章 文档的图文混排 052

6.1 在文档中插入图片【053】
6.2 调整图片【054】
6.3 图片与文档的混排设置【058】
6.4 文本框的使用【058】
6.5 办公实例：制作开业庆典流程图【060】

第7章 Word高效办公 062

7.1 对文档进行批注与修订【063】
7.2 邮件合并【065】
7.3 Word的网络应用【068】
7.4 办公实例：快速生成"应聘人员测试准考证"【070】

第三部分 —"表"人才：Excel 应用技巧

第 8 章　Excel 基本操作与数据输入　072

- 8.1　初识 Excel 2019【073】
- 8.2　工作簿和工作表的常用操作【074】
- 8.3　在工作表中输入数据——创建员工工资表【077】
- 8.4　快速输入工作表数据【079】
- 8.5　办公实例：制作员工登记表【081】

第 9 章　工作表的数据编辑与格式设置　084

- 9.1　工作表中的行与列操作【085】
- 9.2　工作表中的单元格操作【086】
- 9.3　编辑表格数据【089】
- 9.4　设置工作表中的数据格式【091】
- 9.5　办公实例——美化员工登记表【097】

第 10 章　表格数据的计算　099

- 10.1　使用公式进行数据计算【100】
- 10.2　单元格引用方式【101】
- 10.3　使用自动求和【103】
- 10.4　使用函数【105】
- 10.5　办公实例：统计员工在职培训成绩【107】

第 11 章　表格数据的分析与管理　110

- 11.1　数据排序【111】
- 11.2　数据筛选【113】
- 11.3　数据分类汇总【114】
- 11.4　办公实例：统计分析员工工资【115】

第 12 章　编辑 Excel 图表　119

- 12.1　即时创建图表【120】
- 12.2　创建图表的基本方法【120】
- 12.3　图表的基本操作【121】
- 12.4　修改图表内容【121】
- 12.5　办公实例：使用饼图创建问卷调查结果图【126】

第 13 章　数据透视表与数据透视图　129

- 13.1　创建与应用数据透视表【130】
- 13.2　利用数据透视表创建图表【135】
- 13.3　切片器的使用【137】
- 13.4　办公实例：分析公司费用开支【138】

第四部分　炫酷演示：PowerPoint 应用技巧

第 14 章　PowerPoint 2019 的基本操作　141

- 14.1　PowerPoint 2019 窗口简介【142】
- 14.2　创建演示文稿【142】
- 14.3　输入文本【143】
- 14.4　处理幻灯片【144】
- 14.5　设置幻灯片中的文字格式【146】
- 14.6　办公实例：财务报告演示文稿的制作【147】

第 15 章　图文混排幻灯片的编排　151

- 15.1　插入对象的方法【152】
- 15.2　插入表格【152】
- 15.3　插入图表【153】
- 15.4　插入图片【154】
- 15.5　办公实例：制作相册集【155】

第16章 演示文稿高级美化方法　157

- 16.1 制作风格统一的演示文稿——母版的操作【158】
- 16.2 通过主题美化演示文稿【159】
- 16.3 设置幻灯片背景【160】
- 16.4 办公实例：制作精美的"合同流程"演示文稿【161】

第17章 制作动画效果的演示文稿　164

- 17.1 设置幻灯片的切换效果【165】
- 17.2 快速创建动画【166】
- 17.3 使用自定义动画【166】
- 17.4 办公实例：制作"工作进度"动画演示文稿【169】

第18章 演示文稿的放映与输出　171

- 18.1 启动幻灯片放映【172】
- 18.2 手动放映幻灯片【172】
- 18.3 放映时边讲解边标记【172】
- 18.4 设置幻灯片自动放映【173】
- 18.5 演示文稿的打包与输出【174】
- 18.6 办公实例："杭州游记"的预演【177】

第五部分　精彩纷呈：Photoshop 应用技巧

第19章 初识 Photoshop　180

- 19.1 认识工作界面【181】
- 19.2 认识图像处理流程【182】
- 19.3 设置、使用标尺与参考线【184】
- 19.4 设置暂存盘和使用内存【186】
- 19.5 设置显示颜色【187】

第20章 图片处理技巧与实战 188

- 20.1 改变画布大小，添加图片边框【189】
- 20.2 改变照片分辨率【190】
- 20.3 旋转命令制作横幅变直幅效果【191】
- 20.4 2寸照片的裁剪与制作【192】
- 20.5 倾斜照片的校正【193】
- 20.6 调整曝光不足的照片【195】
- 20.7 用修复画笔工具抚平头部伤疤【195】
- 20.8 用污点修复画笔工具快速修掉毛绒玩具上的污渍【197】
- 20.9 合成全景照片【197】
- 20.10 将模糊照片调整清晰【199】
- 20.11 制作老照片效果【201】

第21章 海报设计技巧与实战 204

- 21.1 办公实例：电影海报【205】
- 21.2 办公实例：文化海报【207】

第22章 广告设计技巧与实战 213

- 22.1 办公实例：插画【214】
- 22.2 办公实例：汽车广告【217】
- 22.3 办公实例：网络购物【219】

第一部分
从零起步：Office 应用技巧

第 1 章
Office 2019 入门

Office 是世界范围内应用广泛的办公软件，不仅界面友好、操作简单，而且安全性和稳定性也非常高。为了使读者尽快熟悉与掌握新界面，本章首先讲解如何启动与设置 Office 2019，然后了解 Office 2019 的功能区，最后通过实例介绍创建 Office 文档的方法，为读者后续的学习打下基础。

通过本章的学习，读者能够掌握如下内容。

- ➢ 学习启动与退出 Office 2019 的方法。
- ➢ 掌握 Office 2019 的操作环境。
- ➢ Office 2019 快速访问工具栏的创建技巧。

Word/Excel/PPT/PS 就这么高效

1.1 启动与退出 Office 2019

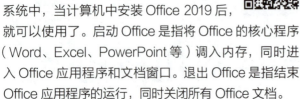

Office 2019 需要安装在 Windows 10 系统中,当计算机中安装 Office 2019 后,就可以使用了。启动 Office 是指将 Office 的核心程序(Word、Excel、PowerPoint 等)调入内存,同时进入 Office 应用程序和文档窗口。退出 Office 是指结束 Office 应用程序的运行,同时关闭所有 Office 文档。

如果要在 Windows 10 中启动 Word 2019,则可以单击桌面左下角的"开始"按钮,在展开的菜单中单击"Word"选项,如图 1-1 所示。

了 Office 2003 之前版本的工具栏和菜单式操作,则在 Office 2019 的界面中可能不太容易找到相应的操作。因此,学习新界面是掌握 Office 2019 的第一步。

启动 Office 2019 后,首先看到的是"开始"窗口,如图 1-2 所示。该窗口展示了精美的模板,以及用户最近查看的文档列表。

图 1-2 Word 2019 的"开始"窗口

当用户单击"空白文档"按钮时,即可打开新的空白文档,在操作界面上包括"文件"选项卡、快速访问工具栏、标题栏、标签功能区、编辑区、状态栏等部分。图 1-3 为 Word 2019 的操作界面。

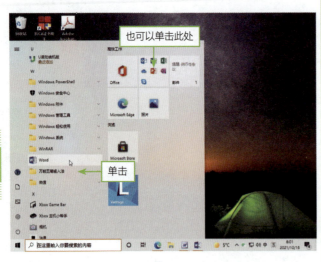

图 1-1 Windows 10 中启动 Word 2019

提示

如果要退出 Office 2019(这里以退出 Word 2019 为例),则可以选择下述方法之一。

➢ 单击 Word 窗口右上角的"关闭"按钮。
➢ 按 Alt+F4 组合键。

1.2 认识 Office 2019 的操作环境

启动 Office 2019 后,如果是首次使用,则用户会对界面感到陌生。如果习惯

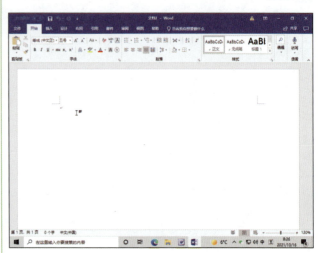

图 1-3 Word 2019 的操作界面

➢ "文件"选项卡:单击"文件"选项卡,用户能执行与文件有关的操作,如"打开""另存为""打印"等。"文件"选项卡是一个类似于多级菜单的分级结构,分为三个区域。左侧区域为"选项"选项区,该区域列出了与文档有

第 1 章　Office 2019 入门

关的操作选项。在这个区域选择某个选项后，右侧区域将显示下级选项按钮或操作选项。同时，右侧区域也可以显示与文档有关的信息，如文档属性信息、打印预览、文档导出格式等。

- 快速访问工具栏：快速访问频繁使用的选项，如"新建""保存""撤销""新建"等。在快速访问工具栏的右侧，可以单击下拉按钮，在弹出的菜单中选择 Office 已经定义好的选项，即可将选择的选项以按钮的形式添加到快速访问工具栏中。
- 标题栏：位于快速访问工具栏的右侧，在标题栏中从左至右依次显示了当前打开的文档名称、程序名称、功能区显示选项按钮（隐藏功能区、仅显示选项卡、显示选项卡和选项）、窗口操作按钮（"最小化"按钮、"最大化"按钮、"关闭"按钮）。
- 标签功能区：单击标签，可以切换到相应的选项卡。不同的选项卡中提供了多种不同的操作设置选项。在每个标签对应的选项卡中，按照具体功能对其中的选项进行更详细的分类，并划分到不同的组中，如图 1-4 所示。例如，"开始"选项卡的功能区中收集了对字体、段落等内容设置的选项。

图 1-4　标签功能区的组成

- 编辑区：Office 窗口中面积最大的区域，在 Word 2019 中默认为白色区域，在 Excel 2019 中默认为带有线条的表格，在 PowerPoint 2019 中也是白色区域。用户可以在编辑区输入文字、数值、插入图片、绘制图形、插入表格或图表，还可以设置页眉、页脚的内容、设置页码等，可以使 Office 文档丰富多彩。
- 状态栏：位于窗口的底部，可以通过状态栏了解当前的工作状态。例如，在 Word 状态栏中，可以通过单击状态栏上的按钮快速定位到指定的页、查看字数、设置语言，还可以改变视图方式、文档页面显示比例等。

1.3 定制个性化的办公环境

本节将通过具体实例——定制个性化的办公环境，让用户在适合自己的办工环境中工作，更加得心应手。

01 实例描述

本实例主要包括以下内容。
- 自定义功能区。
- 向快速访问工具栏中添加常用按钮。

02 实例操作指南

步骤 1　启动 Word 2019，单击"文件"选项卡，在展开的菜单中选择"选项"选项，弹出"Word 选项"对话框，在左侧菜单中选择"自定义功能区"选项后，在"自定义功能区"选项组中，单击下方的"新建选项卡"按钮，如图 1-5 所示。

图 1-5　单击"新建选项卡"按钮

步骤 2 ▶▶ 在列表框中单击选中"新建选项卡（自定义）"选项后，单击"重命名"按钮，弹出如图1-6所示的"重命名"对话框，在"显示名称"文本框中输入"文本"，单击"确定"按钮。

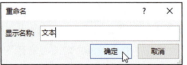

图1-6 "重命名"对话框

步骤 3 ▶▶ 在"主选项卡"列表框中单击"字体"选项后，单击 ▼ 按钮，将选中的"字体"组移至新建的"文本"选项卡中，如图1-7所示。

图1-7 向新建的选项卡中添加组

步骤 4 ▶▶ 用同样的方法，将"段落"组移至新建的"文本"选项卡中。设置完成后，可以看到在功能区中添加了"文本"选项卡，并显示了"字体"和"段落"组选项，如图1-8所示。

图1-8 向新建的组中添加选项

技 巧

如果要恢复到原始的功能区选项卡状态，则可以单击"Word选项"对话框中"自定义"右侧的向下箭头，从下拉列表中选择"仅重置所选功能区选项卡"选项，如图1-9所示。

图1-9 将功能区选项卡恢复到原始状态

步骤 5 ▶▶ 单击"自定义快速访问工具栏"右侧的"自定义"按钮，弹出下拉菜单，其中列出了一些可以直接添加的按钮，如"新建""打开""快速打印"等，如图1-10所示。

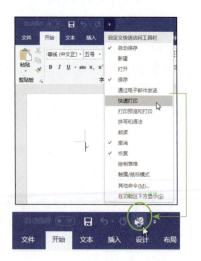

图1-10 向"自定义快速访问工具栏"中添加按钮

第 1 章　Office 2019 入门

步骤 6 ▶ 如果"自定义快速访问工具栏"下拉菜单中没有自己想要的按钮,则可以选择"其他命令"选项,在弹出的"Word 选项"对话框中选择"快速访问工具栏"选项,如图 1-11 所示。在"从下列位置选择命令"下拉列表框中选择"不在功能区中的命令"选项,从选项列表中选择要添加到"自定义快速访问工具栏"中的选项,再单击"添加"按钮,将其添加到"自定义快速访问工具栏"列表中。

图 1-11　选择"快速访问工具栏"选项

步骤 7 ▶ 单击"确定"按钮关闭对话框。如图 1-12 所示为添加了多个按钮的"自定义快速访问工具栏"。

图 1-12　添加了多个按钮的"自定义快速访问工具栏"

03 实例总结

通过本实例的学习,读者大致了解 Office 2019 的操作环境,并且根据个人工作需要定制适合自己的工作环境,充分发挥 Office 2019 的便利性,有效提高工作效率。

1.4 办公实例:制作一个 Word 文档——录取通知书

本节将通过一个实例——制作录取通知书,介绍在 Word 中制作文档的一般流程,使读者快速熟悉 Word 2019 的操作环境。

01 实例描述

本实例将以制作 Word 文档为例,介绍制作一个 Office 文档的一般流程,主要包括以下内容:

➢ 新建 Word 文档;
➢ 设置页面布局;
➢ 输入文档内容;
➢ 设置文档格式;
➢ 打印文档。

02 实例操作指南

结果文件:素材\第1章\结果文件\录取通知书.docx。

步骤 1 ▶ 启动 Word 2019,在"开始"界面单击空白文档模板,自动打开一个名为"文档1"的空白文档。单击功能区中的"布局"选项卡,单击"页面设置"组右下角的"页面设置"按钮,打开如图 1-13 所示的"页面设置"对话框,在"页边距"选项卡中设置"上""下""左""右"页边距。切换到"纸张"选项卡,设置"纸张大小"为"16开"后,单击"确定"按钮。

步骤 2 ▶ 在光标处输入"录取通知书"后,按 Enter 键,将插入点移动到下一行,继续输入其他文档内容,如图 1-14 所示。

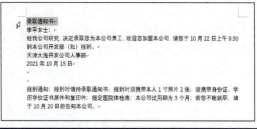

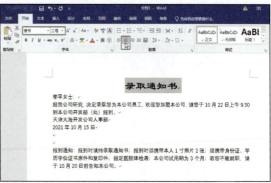

图 1-13　"页面设置"对话框

图 1-15　设置标题格式

步骤 4 ▶ 按照刚才的方法选定其他所有文字后，设置字号为"小四"。选定"天津大海开发公司人事部"和"2021 年 10 月 15 日"后，单击"开始"选项卡中段落组的"右对齐"按钮，设置后的格式如图 1-16 所示。

图 1-14　输入文档内容

步骤 3 ▶ 接下来设置标题的格式。单击"录取通知书"的左侧，按住鼠标左键向右拖动到该行文字右侧，选定该行文字。切换到功能区的"开始"选项卡，在"字体"组中通过字体和字号下拉列表选择字体为"隶书"，字号为"二号"。单击"开始"选项卡中的段落组的居中按钮，使该行居中，如图 1-15 所示。

图 1-16　设置正文和落款的格式

步骤 5 ▶▶ 单击快速访问工具栏上的保存按钮,弹出如图 1-17 所示的"另存为"窗口。在此可以将文档保存到 OneDrive 云中,或者保存到本电脑的某个文件夹中。

图 1-17 "另存为"窗口

步骤 6 ▶▶ 为了将文档保存到自己的电脑中,选择"这台电脑"后,单击"浏览"按钮,在打开的"另存为"对话框中选择文档的保存位置,输入文档名称后,单击"保存"按钮,如图 1-18 所示。

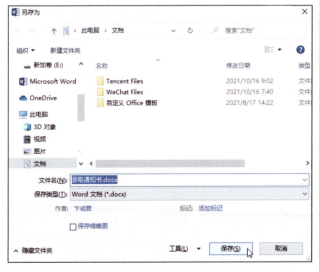

图 1-18 "另存为"对话框

步骤 7 ▶▶ 如果需要打印文档,则可以单击"文件"选项卡,在展开的菜单中选择"打印"选项,如图 1-19 所示,指定打印的页面范围、打印的份数等,单击"打印"按钮,即可开始打印。

图 1-19 打印文档操作

03 实例总结

通过对本实例的学习,读者可以掌握从创建文档到最终打印文档等操作,为进一步学习 Office 奠定基础。

第二部分
妙笔生花：Word 应用技巧

第 2 章 02 Word 基础操作

Word 是目前十分流行和实用的文字处理软件之一，可以帮助读者轻松、快捷地创建精美的文档。本章将从认识 Word 2019 的文档格式开始，带领读者输入文本、根据文档的性质和用途设置文档的格式。这些操作是使用 Word 进行其他操作的基础。

通过本章的学习，读者能够掌握如下内容。

- 新建、打开、保存、关闭 Word 文档等基本操作。
- 在 Word 文档中快速输入与编辑文本。
- 使用排版工具设置文本格式和段落格式。

第 2 章　Word 基础操作

2.1 初步掌握 Word 2019

本节将介绍有关 Word 2019 文档的基本操作，包括新建文档、保存文档、打开文档和关闭文档等。

01 新建文档

编辑文档之前必须先创建文档。通常启动 Word 2019 后，在"开始"界面单击空白文档图标，系统会自动创建一个名为"文档1"的空白文档，用户可以直接在该文档中进行编辑，也可以新建其他空白文档，或根据 Word 2019 提供的模板文件新建文档。

单击"文件"选项卡，选择"新建"选项，在中间的"可用模板"列表框中选择一个文档模板，在弹出的窗口中单击"创建"按钮即可创建相应的文档。

> **提示**
> 模板是一种文档类型，在打开模板时会创建模板本身的副本。Word 2019 允许用户在线下载更多精美的模板，只需在"新建"窗口的"搜索联机模板"文本框中输入要查找的模板关键字（如简历等）后，按 Enter 键，即可在下方列表框中列出相应的模板。

02 保存文档

为了将文档永久存放在计算机中，可以将该文档进行保存。在 Word 2019 中保存文档非常简单，有以下两种方法。

- 单击快速访问工具栏中的保存按钮，打开"另存为"窗口，既可以选择保存到 OneDrive，也可以保存到计算机的指定文件夹。选择保存位置后，打开"另存为"对话框，在"文件名"文本框中输入文档名称，在"保存类型"下拉列表中选择文档的保存类型后，单击"保存"按钮。
- 单击"文件"选项卡，在展开的菜单中选择"保存"或"另存为"选项。

> **提示**
> 单击"文件"选项卡，在展开的菜单中选择"导出"选项，在中间窗格中选择"创建 PDF/XPS 文档"选项后，在右侧窗格单击"创建 PDF/XPS"按钮，如图 2-1 所示。

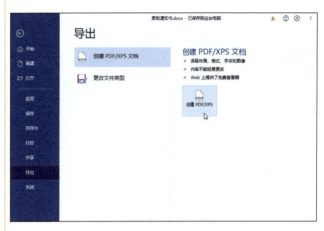

图 2-1　单击"创建 PDF/XPS"按钮

PDF（Portable Document Format，可移植文档格式）是 Adobe 公司开发的电子文件格式。这种文件格式与操作系统无关。也就是说，PDF 文件不管是在 Windows、UNIX 还是在苹果公司的 Mac OS 操作系统中都是通用的。这一特点使它成为在因特网上传播数字化信息的理想文档格式。越来越多的电子图书、产品说明、公司文告、网络资料、电子邮件开始使用 PDF 文件。

XPS（XML Paper Specification，XML 文件规格书）是一种固定版式的电子文件格式，使用者不需拥有制造该文件的软件就可以浏览或打印该文件。XPS 格式可确保在联机查看或打印文件时，文件可以完全保持预期格式，文件中的数据不会被轻易地更改。

03 打开文档

要编辑之前保存的文档，需要先在 Word 2019 中打开该文档。单击"文件"选项卡，在展开的菜单中选择"打开"选项，弹出如图 2-2 所示的"打开"窗口。如果选择"最近"选项，则右侧窗格中会列出最近打开的文档。若有需要打开的文档，则单击即可。

图 2-2 "打开"窗口

如果要打开计算机中的某个文档,则可以选择"这台电脑"选项,单击左侧窗格中的"浏览"按钮,在"打开"对话框中定位到要打开的文档路径后,选择要打开的文档,单击"打开"按钮,即可在 Word 窗口中打开选择的文档,如图 2-3 所示。

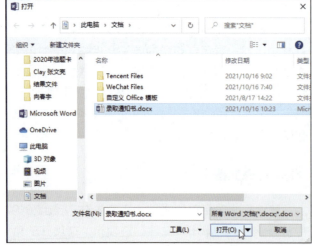

图 2-3 打开保存在计算机中的文档

04 关闭文档

对于暂时不再进行编辑的文档,可以将其关闭。在 Word 2019 中关闭当前已打开的文档有以下几种方法。

- 在要关闭的文档中单击"文件"选项卡后,在展开的菜单中选择"关闭"选项。
- 按 Ctrl+F4 组合键。
- 单击文档窗口右上角的 ⨯ 按钮。

05 认识 Word 2019 的视图模式

Word 2019 主要提供了阅读视图、页面视图、Web 版式视图、大纲视图和草稿等 5 种视图模式。单击"视图"选项卡"视图"组中的按钮即可切换视图模式,如图 2-4 所示。

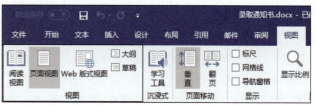

图 2-4 Word 2019 的视图模式

在 Word 2019 中,不同的视图模式有特定的功能和特点。

- 阅读视图:为了便于用户阅读文档,可以将功能区等窗口元素隐藏,模拟图书阅读方式,使用户感觉在翻阅书籍。
- 页面视图:在此模式下,显示的文档与打印出来的结果几乎完全一致,也就是所见即所得。文档中的页眉、页脚、脚注、分栏等项目显示在实际打印的位置处。在页面视图下,不再以一条虚线表示分页,而是直接显示页边距。
- Web 版式视图:此模式用于创建 Web 页,能够模拟 Web 浏览器显示文档。在 Web 版式视图下,能够看到在 Web 文档中添加的背景,文本将自动换行以适应窗口的大小。
- 大纲视图:此模式用于创建文档的大纲及查看和调整文档的结构。切换到大纲视图后,界面上会显示"大纲"选项卡,通过此选项卡可以选择仅查看文档的标题、升降各标题的级别或移动标题来重新组织文档。
- 草稿:在此模式下,可以完成大多数录入和编辑工作,也可以设置字符和段落的格式,但是只能将多栏显示为单栏格式,页眉、页脚、脚注、页号、页边距等无法显示。在草稿视图下,页与页之间用一条虚线表示分页符,节与节之间用两条虚线表示分节符，更易于阅读和编辑文档。

提示

如果想节省页面视图中的屏幕空间，则可以隐藏页面之间的页边距区域，将鼠标指针移到页面的分页标记上双击，前后页之间的显示就连贯了。如果要显示页面之间的页边距区域，则将鼠标指针移到页面的分页标记上，再次双击即可。

2.2 输入文本

使用 Word 2019 编辑电子文档时，最基础的操作是输入文本。文本是 Word 文档的主体，因此输入文本是重中之重。

01 输入中、英文字符

在 Word 文档中可以输入中文和英文字符，只要切换到中文输入法状态，就可以通过键盘输入中文；在英文输入法状态下，可以输入英文字符。具体操作步骤如下。

步骤 1 ▶▶ 启动 Word 2019，新建一个空白文档，在文档中显示一个闪烁的光标。如果要输入中文字符，则需要先切换到中文输入法状态。如果计算机中安装了多个中文输入法，则需要切换到要应用的输入法。

步骤 2 ▶▶ 输入文字内容对应的拼音或笔形，即可在光标处显示输入的内容，按 Enter 键换行。

步骤 3 ▶▶ 切换到英文输入法状态下，可以输入英文字符。

02 插入特殊符号

练习素材：素材\第 2 章\原始文件\插入符号和特殊符号.docx。

结果文件：素材\第 2 章\结果文件\插入符号和特殊符号.docx。

当在文档编辑过程中需要输入键盘上没有的字符时，可以通过插入符号的功能来实现。具体操作步骤如下。

步骤 1 ▶▶ 将光标定位在要插入符号的位置，切换到功能区中的"插入"选项卡，单击"符号"组中的"符号"按钮，在弹出的菜单中选择"其他符号"选项，如图 2-5 所示。

图 2-5 选择"其他符号"选项

步骤 2 ▶▶ 打开"符号"对话框，在"字体"下拉列表框中选择"Wingdings"选项（不同的字体存放着不同的字符集），在下方选择要插入的符号，如图 2-6 所示。

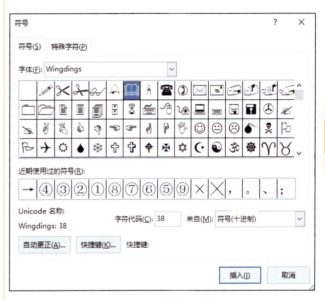

图 2-6 "符号"对话框

步骤 3 ▶▶ 单击"插入"按钮，就可以在插入点插入符号。单击文档中要插入其他符号的位置后，单击"符号"对话框中要插入的符号，结果如图 2-7 所示。如果不需要插入符号，则单击"关闭"按钮，即可关闭"符号"对话框。

图 2-7 在文档中插入符号

2.3 输入公式

编写数学、物理、化学等自然科学类文档时，往往需要输入大量的公式。这些公式不仅结构复杂，而且要使用大量的特殊符号，使用一般的方法很难顺利地输入和编辑。为了解决这一问题，Word 2019 提供了功能强大的公式输入工具，用户使用此工具能够像输入普通文字那样，实现公式的输入和编辑。

01 快速插入公式

对于常用的标准公式，Word 2019 提供了内置的预设公式供用户直接使用，包括二次公式、傅里叶级数、勾股定理等，用户可以直接选择这些公式并将其插入到文档的指定位置。

步骤 1 在文档中单击放置公式的插入点，切换到"插入"选项卡，单击"符号"组中"公式"按钮右侧的向下箭头，在弹出的下拉菜单中选择要插入的公式，如图 2-8 所示。

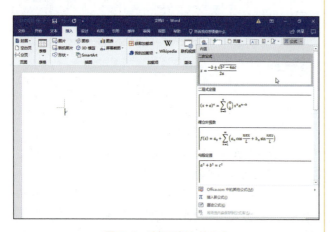

图 2-8 选择要插入的公式

步骤 2 此时，选择的公式被插入到文档中，如图 2-9 所示。

02 在文档中创建公式

如果内置公式无法满足需要，则可以利用公式编辑器手动创建需要的公式。这里以分数与积分为例，来学习输入公式的操作。创建一个新文档并切换到"插入"选项卡后，单击"符号"组中的"公式"按钮，切换到"设计"选项卡，即可看到 Word 提供的符号和公式，如图 2-10 所示。

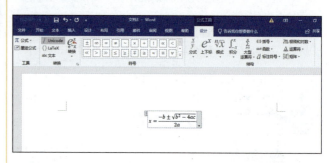

图 2-9 在文档中插入公式

图 2-10 Word 提供的符号和公式

接下来，可以利用"设计"选项卡中的按钮创建公式。

2.4 修改文本的内容

在编辑文档时，需要对文档中存在的错误进行修改，可以使用选择、复制、移动、删除、查找与替换文本等一些基本的操作来修改错误内容。

01 选择文本

对文档进行编辑时，需要先选择文本内容，再对选择的文本进行编辑操作。根据选择范围的不同，选择文本的方法有以下几种。

- 选择任意数量的内容：按住鼠标左键不放并拖过要选择的文字。
- 选择一行：将鼠标指针指向段落左侧的选定栏，

待鼠标指针变成向右箭头后，单击鼠标左键。
- 选择一段：将鼠标指针指向段落左侧的选定栏，待鼠标指针变成向右箭头后，双击鼠标左键。
- 选择一大块文本：单击要选择文本的起始处后，滚动到要选择内容的结尾处，在按住 Shift 键的同时单击。
- 纵向选择文本内容：按住 Alt 键后，从起始位置拖动鼠标到终点位置，即可纵向选择鼠标拖动所经过的内容。
- 选择全文：切换到功能区的"开始"选项卡，单击"编辑"组中的"选择"按钮，选择"全选"选项。
- 选择不连续的文本：先选择第一个文本区域，再按住 Ctrl 键，选择其他的文本区域。

如果选择的文本并非所需，则只需在文档的任意位置单击鼠标左键，即可取消文本的选择状态。

提 示

如果要一次性选择文档中特定的格式，例如，文档中多处文本设置了加粗格式，则可以选择任意一处的加粗格式文本后，单击功能区的"开始"选项卡，单击"编辑"组中的"选择"按钮，选择"选定所有格式类似的文本（无数据）"选项。

02 复制文本

练习素材：素材\第2章\原始文件\复制文本.docx。

结果文件：素材\第2章\结果文件\复制文本.docx。

复制文本是指将文档中某处的内容经过复制操作（复制也称拷贝）后，在指定位置获得完全相同的内容。复制后，原位置上的内容仍然存在，在新位置将产生与原位置完全相同的内容。

复制文本的具体操作步骤如下。

步骤 1 ▶ 选择要复制的文本内容，切换到功能区中的"开始"选项卡，在"剪贴板"组中单击复制按钮。

步骤 2 ▶ 在要复制的位置单击，切换到功能区中的"开始"选项卡，在"剪贴板"组中单击"粘贴"按钮，即可将选择的文本复制到指定位置，如图 2-11 所示。

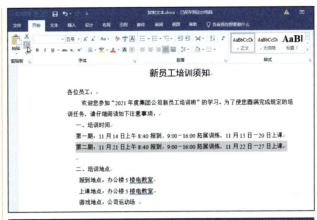

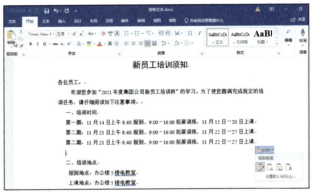

图 2-11 复制文本

如果要在短距离内复制文本，则可以按住 Ctrl 键后，拖动选择的文本块。到达目标位置后，同时释放鼠标左键和 Ctrl 键。

提 示

选择性粘贴

Word 2019 提供的选择性粘贴功能非常强大，利用该功能可以将文本或表格转换为图片格式，还可以将图片转换为另一种图片格式。首先选择文本，单击复制按钮，将插入光标移到要插入图片的位置，单击"粘贴"按钮的向下箭头，从下拉菜单中选择"选择性粘贴"选项，打开"选择性粘贴"对话框，选中"粘贴"单选按钮，在"形式"列表框中选择"图片（增强型图元文件）"选项，单击"确定"按钮，如图 2-12 所示。

图 2-12 "选择性粘贴"对话框

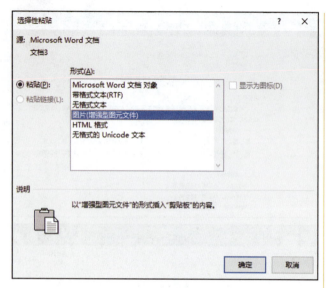

图2-12 "选择性粘贴"对话框（续）

03 移动文本

练习素材：素材\第2章\原始文件\移动文本.docx。

结果文件：素材\第2章\结果文件\移动文本.docx。

文本的移动在文档的编辑过程中经常被反复使用，快速地移动文本可以省去重新编辑步骤，有效提高文档编辑的效率。移动文本的具体操作步骤如下。

步骤 1 将鼠标指针指向选定的文本，鼠标指针变成箭头形状。

步骤 2 按住鼠标左键拖动，出现一条实线插入点，表明将要移到的目标位置。

步骤 3 释放鼠标左键，选定的文本从原来的位置移到新的位置，如图2-13所示。

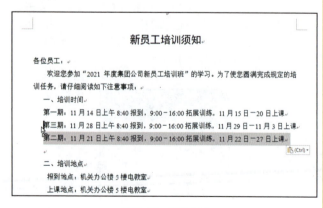

图2-13 移动文本

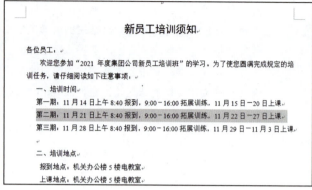

图2-13 移动文本（续）

另一种移动文本的方法（尤其是长距离移动文本时）：选择文本，单击"剪贴板"组中的剪切按钮，将光标移到目标位置，单击"剪贴板"组中的"粘贴"按钮。

> **提示**
>
> 什么是Office剪贴板？
>
> Office剪贴板在原有的Windows剪贴板的基础上进行了扩展，功能更强大。它可以记住多达24项剪贴内容，并且这些剪贴内容可在Office 2019的程序中共享，在Word中复制的对象，可以在Excel或PowerPoint中同时使用。
>
> Prtsc（Print Screen）键是一个拷屏键，只需按下Prtsc键，即可迅速抓取当前屏幕内容，存放在剪贴板后，粘贴到"画图"或"Photoshop"等图像处理程序中进行后期处理。

04 删除文本

删除文本是指将指定内容从文档中清除。删除文本内容的操作方法有以下几种。

- 按BackSpace键可删除光标左侧的字符；按Delete键可删除光标右侧的字符。
- 选择准备删除的文本块，按Delete键。
- 选择准备删除的文本块，切换到功能区中的"开始"选项卡，在"剪贴板"组中单击剪切按钮。

05 文本查找与替换

练习素材：素材\第2章\原始文件\查找与替换

文本 .docx。

结果文件：素材\第 2 章\结果文件\查找与替换文本 .docx。

要在一篇很长的文章中找一个词语，如果用眼睛逐行查看，显然效率低下而且容易出错，此时可以使用 Word 2019 提供的查找功能。同样，如果要将文章中的一个词语用另外的词语替换，则可使用 Word 2019 提供的替换功能。

1. 使用导航窗格查找文本

在 Word 2019 中既可以通过窗格查看文档结构，也可以对文档中的某些文本内容进行搜索，搜索到所需要的内容后，程序会将其突出显示。具体操作步骤如下。

步骤 1 ▶▶ 将光标定位到文档的起始处，切换到"视图"选项卡下，选中"显示"组中的"导航窗格"复选框，弹出"导航"任务窗格。

步骤 2 ▶▶ 打开任务窗格后，在搜索文档文本框中输入要查找的内容。

步骤 3 ▶▶ Word 将在"导航"窗口中列出文档中包含查找文字的段落，同时会自动将搜索到的内容突出显示，如图 2-14 所示。

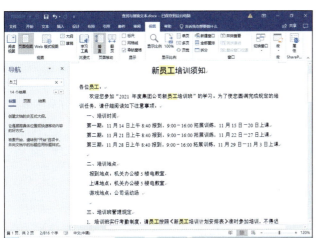

图 2-14　查找到指定的内容

2. 在"查找和替换"对话框中查找文本

查找文本时，还可以通过"查找和替换"对话框来完成查找操作。这种方法可以对文档中的内容一处一处地查找，也可以在固定区域内查找，具有较强的灵活性。具体操作步骤如下。

步骤 1 ▶▶ 单击"开始"选项卡中"编辑"组内的向下箭头，弹出下拉列表后，选择"替换"选项。

步骤 2 ▶▶ 弹出"查找和替换"对话框，切换到"查找"选项卡，在"查找内容"文本框中输入要查找的内容后，单击"在以下项中查找"按钮，在弹出的下拉列表中选择"主文档"选项，如图 2-15 所示。

图 2-15　"查找和替换"对话框

步骤 3 ▶▶ 经过以上操作后，程序会自动执行查找操作。查找完毕后，所有查找到的内容都会突出显示，如图 2-16 所示。

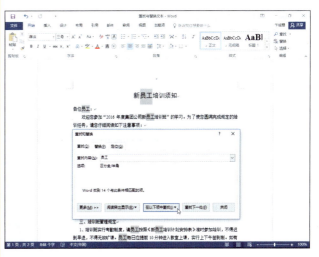

图 2-16　查找到指定的内容

3. 使用通配符查找文本

通配符可用于查找文本内容，可以代替一个或多个真正字符。当用户不知道真正字符或者要查找的内容中只限制部分内容，而其他不限制的内容就可以使用通配符代替。常用的通配符包括"*"与"?",其中"*"表示多个任意字符,"?"表示一个任意字符。具体操作步骤如下。

步骤 1 ▶ 打开"查找和替换"对话框,在"查找"选项卡中单击"更多"按钮,对话框中显示更多内容后,选择"使用通配符"复选框。

步骤 2 ▶ 在"查找内容"文本框中输入要查找的内容:"月"与"日"中间包含多个任意字符,输入"月 * 日"后,单击"在以下项中查找"按钮,在弹出的下拉列表中单击"主文档"选项。

步骤 3 ▶ 单击"阅读突出显示"下拉按钮,在下拉列表中单击"全部突出显示"选项。

步骤 4 ▶ 经过以上操作后,文档中所有"月"与"日"中间包括多个任意字符的单词就会被查找出来,并处于突出显示状态,如图2-17所示。

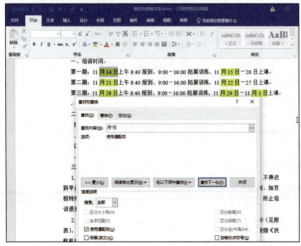

图2-17　使用通配符查找文本

4. 替换文本

替换文本是用新文本替换旧文本,并且可以一次性替换文档中所有旧文本,避免遗漏,提高工作效率。批量替换文本的具体操作步骤如下。

步骤 1 ▶ 单击"开始"选项卡中"编辑"组的向下箭头,在弹出的下拉列表中选择"替换"选项。

步骤 2 ▶ 弹出"查找和替换"对话框,在"替换"选项卡的"查找内容"与"替换为"文本框中,分别输入要查找的内容和替换的内容后,单击"查找下一处"按钮,如图2-18所示。

图2-18　输入要查找的内容

步骤 3 ▶ 单击"查找下一处"按钮后,文档中第一处查找到的内容就会处于选中状态,需要向下查找时,再次单击"查找下一处"按钮,出现要替换的内容后,单击"替换"按钮即可。

步骤 4 ▶ 用户还可以直接单击"全部替换"按钮,会弹出对话框提示替换的次数。经过以上操作后,查找到的内容就被替换了,如图2-19所示。

图2-19　替换文本

提示

在"查找和替换"对话框中单击"更多"按钮后，单击"格式"按钮，在弹出的列表中选择"字体"选项（见图2-20），会打开"查找字体"对话框，在其中可以设置特殊字体和颜色。这样执行替换操作后，就可以让替换后的文本显示为设置的格式。

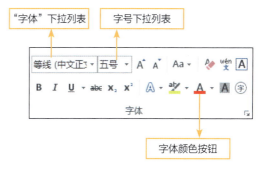

图2-21 设置字体、字号和字体颜色

01 设置字体

练习素材：素材\第2章\原始文件\设置字体.docx。

结果文件：素材\第2章\结果文件\设置字体.docx。

在Word 2019中，文字默认是"等线"字体。在文档中，为了达到不同的效果，需要对不同文本使用不同的字体。例如，将文档中的标题改为黑体，可以按照下述步骤操作。

步骤1 ▶▶ 选中要改变字体的标题。

步骤2 ▶▶ 切换到功能区中的"开始"选项卡，在"字体"组中单击字体列表框右侧的向下箭头，出现字体下拉列表。

步骤3 ▶▶ 操作字体列表右边的滚动条，找到所需的字体。例如，选择"黑体"，就可以把选定的文本改为黑体。

步骤4 ▶▶ 重复上述步骤，将文档的标题改为"黑体"，操作过程如图2-22所示。

图2-20 选择"字体"选项

2.5 文字的格式设置

文字是文档的重要部分，想如何更好地展现文档的层次、突出重点，可以通过对文字的字体、字号等格式进行设置来实现。

设置文本格式的操作方法很简单，只要先选中要设置的文字，然后切换到功能区中的"开始"选项卡，在"字体"组中分别通过字体、字号下拉列表设置字体和字号，单击字体颜色按钮可以设置文字的颜色，如图2-21所示。

图2-22 改变文本字体

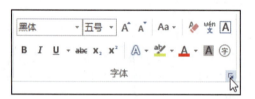

图 2-22 改变文本字体（续）

如果要改变英文字体，则可以先选定英文字母，然后从字体下拉列表中选择英文字体。

有时，在选定的文本中可能包含中文和英文。如果全部设置为中文字体，则英文字母和符号在相应的中文字体下显得不美观，与汉字对齐得不好。最好的方法是通过"字体"对话框分别设置中文字体和英文字体。例如，要将文件号和正文的中文字体设置为仿宋体，英文字体设置为 Times New Roman。具体操作步骤如下。

步骤 1 ▶ 选定要改变字体的文本。例如，除标题外的其他正文。

步骤 2 ▶ 切换到功能区中的"开始"选项卡，单击"字体"组右下角的 按钮，出现如图 2-23 所示的"字体"对话框。

步骤 3 ▶ 在"中文字体"下拉列表框中选择中文字体；在"西文字体"下拉列表框中选择西文字体。

步骤 4 ▶ 设置完毕后，单击"确定"按钮。

> **提示**
> 如果多处文本需要使用同一文字格式（比如几处小标题文本），则可以配合 Ctrl 键一次性选中文本后，设置相应的文字格式。

02 改变字号

练习素材：素材\第 2 章\原始文件\改变字号.docx。

结果文件：素材\第 2 章\结果文件\改变字号.docx。

字号就是指字的大小。在 Word 2019 中有两种表示文字大小的方法。一种以号为单位，如一号、小二号等。以号为单位时，号数越小，显示的文字越大，初号字最大。另一种以磅（点）为单位，如 16 磅等。以磅（点）为单位时，磅数越小，显示的文字越小。1 磅约为 0.35 毫米，常用的五号字约为 10.5 磅。

用户可以很方便地改变文本的字号，具体操作步骤如下。

步骤 1 ▶ 选定要改变字号的文本。

步骤 2 ▶ 切换到功能区中的"开始"选项卡，单击"字体"组中字号列表框右侧的向下箭头，出现字号下拉列表，从字号下拉列表中选择字号时，可以在文档中预览选择该字号时的效果。如图 2-24 所示为设置文本字号后的效果。

图 2-23 "字体"对话框

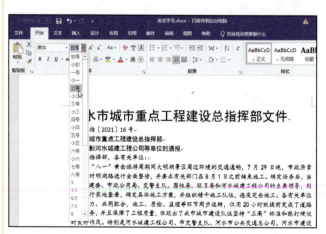

图 2-24 设置文本字号

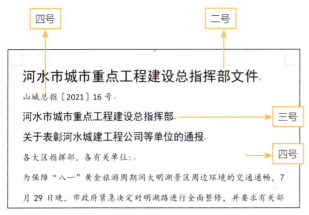

图 2-24 设置文本字号（续）

03 设置字形

练习素材：素材\第2章\原始文件\设置字形.docx。

结果文件：素材\第2章\结果文件\设置字形.docx。

字形是指文字的显示效果，如加粗、倾斜、下画线、删除线、下标、上标等。打开原始文件，选定要设置字形的文本，切换到功能区中的"开始"选项卡，在"字体"组中单击用于设置字形的按钮，即可为选定的文本设置所需的字形，如图2-25所示。

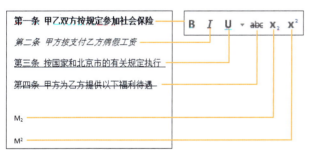

图 2-25 设置文本字形

提示

对于下画线的设置，可以单击下画线按钮右侧的向下箭头，在弹出的菜单中选择不同的线型和颜色。

如果要取消已经设置的某种字形效果，则可以选定该文字区域，再次单击相应的工具按钮即可。另外，还可以选择已排版的文字区域后，单击清除所有格式按钮 。

04 复制字符格式

对于已设置字符格式的文本，可以将它的格式复制到其他要求格式相同的文本，不用对每段文本重复设置。具体操作步骤如下。

步骤 1 ▶ 选定已设置格式的原文本。

步骤 2 ▶ 切换到功能区中的"开始"选项卡，在"剪贴板"组中单击"格式刷"按钮 ，此时鼠标指针变为一个小刷子形状。

步骤 3 ▶ 按住鼠标左键，用鼠标拖过要设置格式的目标文本。

步骤 4 ▶ 释放鼠标左键，所有被格式刷拖过的文本都会应用原文本的格式。

提示

双击"格式刷"按钮，可以将原文本的格式复制到多个目标文本中。要结束复制时，按Esc键或再次单击"格式刷"按钮即可。

2.6 设置段落格式

在Word中输入文字时，每按一次Enter键，就表示一个自然段的结束和另一个自然段的开始。为了便于区分每个独立的段落，在段落的结束处都会显示一个段落标记符。段落标记符不仅用来标记一个段落的结束，还保留着有关该段落的所有格式设置，如段落样式、对齐方式、缩进大小、行距、段落间距等。

在编辑文档时，需要对段落格式进行设置。段落格式的设置包括段落的对齐方式、段落的缩进、段落间距和行距等。设置段落格式可以使文档结构清晰，层次分明。

01 设置段落对齐方式

练习素材：第2章\原始文件\设置段落对齐方式.docx。

结果文件：第2章\结果文件\设置段落对齐方

式.docx。

用户可以根据需要为段落设置对齐方式，包括左对齐、居中对齐、右对齐、两段对齐和分散对齐。首先选定要设置对齐方式的段落，然后切换到功能区中的"开始"选项卡，在"段落"组中单击 按钮，可以设置段落的对齐方式。

> 左对齐：单击左对齐按钮，使选定的段落在页面中靠左侧对齐排列。
> 居中对齐：单击居中对齐按钮，使选定的段落在页面中居中对齐排列。
> 右对齐：单击右对齐按钮，使选定的段落在页面中靠右侧对齐排列。
> 两端对齐：单击两端对齐按钮，使选定段落的每行在页面中首尾对齐，各行之间的字体大小不同时，将自动调整字符间距，使段落两端自动对齐。
> 分散对齐：单击分散对齐按钮，使选定的段落在页面中分散对齐排列。

各种对齐方式的效果如图2-26所示。

图2-26 段落的对齐方式

02 设置段落缩进

练习素材：第2章\原始文件\设置段落缩进.docx。

结果文件：第2章\结果文件\设置段落缩进.docx。

段落缩进是指段落相对左右页边距向页内缩进一段距离。例如，本书中正文段落的第一行比其他行缩进两个字符。设置段落缩进可以将一个段落与其他段落分开，层次更加分明。段落缩进包括以下几种类型。

> 首行缩进：控制段落的第一行第一个字的起始位置。
> 悬挂缩进：控制段落中第一行以外的其他行的起始位置。
> 左缩进：控制段落中所有行与左边界的位置。
> 右缩进：控制段落中所有行与右边界的位置。

在Word 2019中，可以利用"段落"对话框和标尺设置段落缩进。

1. 利用"段落"对话框设置缩进

如果要精确设置段落的缩进位置，可以通过"段落"对话框实现。例如，要将正文首行缩进两个汉字，可以按照下述步骤操作。

步骤 1 ▶ 选定要设置段落缩进的段落。例如，选定除第一段之外的正文。

步骤 2 ▶ 切换到功能区中的"开始"选项卡，单击"段落"组右下角的"段落设置"按钮，在出现"段落"对话框中单击"缩进和间距"选项卡。

步骤 3 ▶ 在"缩进"选区，可以精确设置缩进的位置。例如，从"特殊格式"下拉列表框中选择"首行缩进"，右侧的"缩进值"框中自动显示"2字符"，表明首行缩进两个汉字。

步骤 4 ▶ 单击"确定"按钮，结果如图2-27所示。

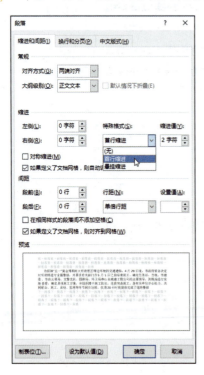

图2-27 正文首行缩进两个字符

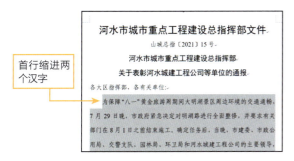

图 2-27　正文首行缩进两个字符（续）

2．利用标尺设置缩进

选中"视图"选项卡中"显示"组的"标尺"复选框，即在文档的上方与左侧分别显示水平标尺与垂直标尺。

在水平标尺上有几个缩进标记，通过移动这些缩进标记改变段落的缩进方式。图 2-28 标出了水平标尺中各缩进标记的名称。

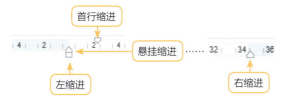

图 2-28　水平标尺中各缩进标记的名称

下面以利用水平标尺设置段落的悬挂缩进为例，介绍设置段落缩进的方法。

步骤 1 ▶▶ 单击需要缩进控制的段落，或者选定多个段落。

步骤 2 ▶▶ 按住鼠标左键向右拖动水平标尺上的悬挂缩进标记，在拖动过程中会出现一条垂直的虚线表明缩进的位置。

步骤 3 ▶▶ 拖到所需的位置后，释放鼠标左键。图 2-29 为设置悬挂缩进的示例。

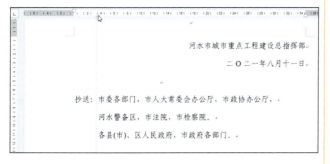

图 2-29　设置悬挂缩进的示例

提示

需要注意：本例选中的为一段文字，其中分别在"河水警备区"和"各县（市）"之前按 Shift+Enter 组合键插入换行符。

03　设置段落间距

练习素材：第 2 章 \ 原始文件 \ 设置段落间距 .docx。

结果文件：第 2 章 \ 结果文件 \ 设置段落间距 .docx。

段落间距是指段落与段落之间的距离。文章排版时，经常需要段与段之间留一定的空白距离，如标题段与上下正文段之间的空白大一些，正文段与正文段之间的空白小一些等情况。在段落之间适当地设置一些空白，可以使文章的结构更清晰、易于阅读。设置段落间距的具体操作步骤如下。

步骤 1 ▶▶ 选定要设置间距的段落。

步骤 2 ▶▶ 切换到功能区中的"开始"选项卡，单击"段落"组右下角的"段落设置"按钮，在出现"段落"对话框中单击"缩进和间距"选项卡。

步骤 3 ▶▶ 在"段前"数值框中输入与段前的间距，如输入"1.5 行"；在"段后"数值框中输入与段后的间距，如输入"1.5 行"。

步骤 4 ▶▶ 单击"确定"按钮，设置后的结果如图 2-30 所示。

图 2-30　设置段落间距

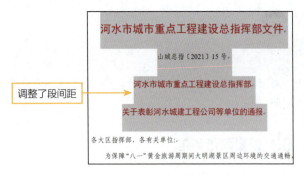

图 2-30　设置段落间距（续）

提　示

如果要快速增加段前间距或段后间距，则可以切换到功能区中的"开始"选项卡，在"段落"组中单击"行和段落间距"按钮，在弹出的列表中选择"增加段落前的空格"或"增加段落后的空格"选项。

04　设置行间距

练习素材：第 2 章\原始文件\设置行间距.docx。
结果文件：第 2 章\结果文件\设置行间距.docx。

在文档中行与行之间并非都是一样的距离，有时调整行间距可以让文档有更好的阅览效果。Word 2019 提供了多种行间距可供选择，如"单倍行距""1.5 倍行距""2 倍行距""最小值""固定值""多倍行距"等。设置行距的操作步骤如下。

步骤 1　单击需要设置行间距的段落，如果想同时设置多个段落的行间距，则选定这些段落。

步骤 2　切换到功能区中的"开始"选项卡，单击"段落"组右下角的"段落设置"按钮，在出现的"段落"对话框中单击"缩进和间距"选项卡。

步骤 3　单击"行距"列表框右侧的向下箭头，从弹出的下拉列表中选择某一行间距。当选择"最小值""固定值"或"多倍行距"时，还需要在"设置值"数值框中输入相应的数值。

步骤 4　单击"确定"按钮，设置后的结果如图 2-31 所示。

05　设置段落边框和底纹

练习素材：素材\第 2 章\原始文件\设置段落边框和底纹.docx。

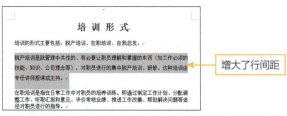

图 2-31　设置行间距

结果文件：素材\第 2 章\结果文件\设置段落边框和底纹.docx。

与为字符添加边框一样，可以为整段文字设置段落边框。设置段落底纹是指为整段文字设置背景颜色。具体操作步骤如下。

步骤 1　选中要设置边框的段落，切换到功能区中的"开始"选项卡，在"段落"组中单击边框按钮右侧的向下箭头，从下拉菜单中选择"下框线"，为该段落添加下边框，如图 2-32 所示。

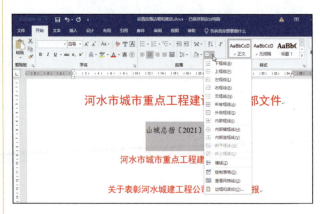

图 2-32　设置段落边框

第 2 章　Word 基础操作

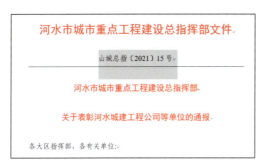

图 2-32　设置段落边框（续）

号和编号 .docx。

结果文件：素材\第 2 章\结果文件\添加项目符号和编号 .docx。

添加项目符号和编号的具体操作步骤如下。

步骤 1 ▶▶ 选定要添加项目符号的段落后，切换到功能区中的"开始"选项卡，在"段落"组中单击项目符号按钮右侧的向下箭头，从下拉菜单中选择一种项目符号，如图 2-34 所示。

步骤 2 ▶▶ 如果要为整段文字设置底纹，则可以先选中该段，然后切换到功能区中的"开始"选项卡，在"段落"组中单击"边框"按钮右侧的向下箭头，从下拉菜单中选择"边框和底纹"选项，打开如图 2-33 所示的"边框和底纹"对话框，单击"底纹"选项卡，在"填充"下拉列表框中选择底纹的颜色，单击"确定"按钮。

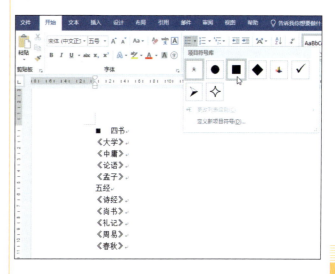

图 2-34　选择项目符号

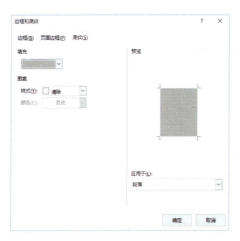

图 2-33　"边框和底纹"对话框

步骤 2 ▶▶ 选定要添加编号的多个段落后，切换到功能区中的"开始"选项卡，在"段落"组中单击编号按钮右侧的向下箭头，从下拉菜单中选择一种编号，如图 2-35 所示。

2.7　应用项目符号与编号

项目符号与编号用来表明内容的分类，使文章层次分明、易于阅读。项目符号可以是符号或小图片；编号可以是大写数字、阿拉伯数字、字母等。Word 2019 内置了几种项目符号与编号的样式，供用户选择。

01 添加项目符号和编号

练习素材：素材\第 2 章\原始文件\添加项目符

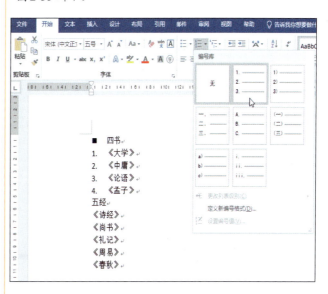

图 2-35　选择编号

023

02 修改项目符号

练习素材：素材\第2章\原始文件\修改项目符号.docx。

结果文件：素材\第2章\结果文件\修改项目符号.docx。

对于已经设置的项目符号，还可以修改为其他类型的项目符号。具体操作步骤如下。

步骤 1 ▶▶ 选定要修改项目符号的段落，切换到功能区中的"开始"选项卡，在"段落"组中单击"项目符号"按钮右侧的向下箭头，从下拉菜单中选择"定义新项目符号"选项，弹出"定义新项目符号"对话框。

步骤 2 ▶▶ 单击"符号"按钮，弹出"符号"对话框，选择所需的符号后，单击"确定"按钮，返回到"定义新项目符号"对话框。

步骤 3 ▶▶ 在"定义新项目符号"对话框中，可以设置项目符号的字体和对齐方式。

步骤 4 ▶▶ 单击"确定"按钮，即可将选定的段落修改为自定义的项目符号，如图2-36所示。

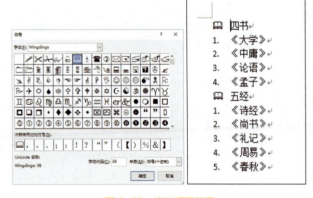

图2-36　修改项目符号

03 修改编号格式

练习素材：素材\第2章\原始文件\修改编号.docx。

结果文件：素材\第2章\结果文件\修改编号.docx。

如果要修改编号格式，则可以按照下述步骤操作。

步骤 1 ▶▶ 选定要修改编号格式的段落，切换到功能区中的"开始"选项卡，在"段落"组中单击"编号"按钮右侧的向下箭头，从下拉菜单中选择"定义新编号格式"选项，弹出"定义新编号格式"对话框。

步骤 2 ▶▶ 在"编号样式"下拉列表框中可以选择一种编号样式，在"编号格式"文本框中修改编号前后的文字。例如，"(1)"表示在编号的前后分别加左右括号。

步骤 3 ▶▶ 设置编号的字体和对齐方式后，单击"确定"按钮，效果如图2-37所示。

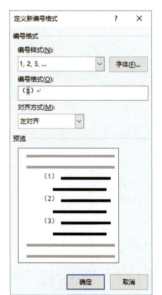

图2-37　修改编号格式

2.8 制表位排版特殊文本

制表位是一种特殊定位符号，可以在输入文档内容时快速定位至指定位置，以纯文本的方式制作出形如表格的内容。

在 Word 2019 中可以通过以下两种方法设置制表位。

➢ 直接在文档窗口的标尺上单击指定点设置制表位。该方法比较方便，但是很难保证精确度。
➢ 通过"制表位"对话框设置制表位，可以精确设置制表位的位置，这种方法比较常用。

下面举例说明如何利用水平标尺设置制表位快速对齐文本，以及利用制表位手动制作目录。

01 利用标尺快速对齐文本

结果文件：第2章\结果文件\快速对齐文本.docx。

利用水平标尺快速设置制表位的具体操作步骤如下。

步骤 1 ▶▶ 将插入点移到要设置制表位的段落，或者选定多个段落。

步骤 2 ▶▶ 选中"视图"选项卡中"显示"组的"标尺"复选框，即可在文档窗口中显示标尺。

步骤 3 ▶▶ 在水平标尺最左端有一个制表符对齐方式按钮。每次单击该按钮时，按钮上显示的对齐方式制表符将按左对齐 ∟、居中 ⊥、右对齐 ⊐、小数点 ⊥ 和竖线 ∣ 的顺序循环改变。

步骤 4 ▶▶ 出现所需的制表符类型后，在标尺上需要设置制表位的地方单击，标尺上将出现相应类型的制表符。

步骤 5 ▶▶ 重复步骤3和步骤4的操作，可以设置多个不同对齐方式的制表符。

步骤 6 ▶▶ 按下 Tab 键，将插入点移到该制表位处，这时输入的文本在此对齐。图2-38为利用制表位对齐文本的效果。

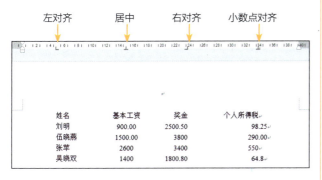

图2-38 利用制表位对齐文本

如果要改变制表位的位置，只需将插入点放在设置制表位的段落中或选定多个段落后，将鼠标指针指向水平标尺上要移动的制表符，按住鼠标左键，在水平标尺上向左或向右拖动。

提示

如果要删除制表位，则只需将插入点放在设置制表位的段落或选定多个段落后，将鼠标指针指向水平标尺上要删除的制表符，按住鼠标左键向下拖出水平标尺即可。

02 利用制表位手动制作目录

练习素材：第2章\原始文件\手动制作目录.docx。

结果文件：第2章\结果文件\手动制作目录.docx。

一般在每本书的开头都有目录，便于读者查阅内容。通常目录中都有"……"这样的点连接章节名和对应的页码，直接输入这些点比较麻烦，而且也不容易对齐目录的内容，利用带前导符的制表位就很容易完成目录的制作。

利用制表位制作目录的具体操作步骤如下。

步骤 1 ▶▶ 将插入点置于要制作目录的空行。

步骤 2 ▶▶ 切换到功能区中的"开始"选项卡，单击"段落"组右下角的"段落设置"按钮，显示"段落"对话框。

步骤 3 ▶▶ 单击对话框中的"制表位"按钮，出现如图2-39所示的"制表位"对话框。

图2-39 "制表位"对话框

步骤 4 ▶▶ 在"制表位位置"文本框中输入页码右对

齐的位置。

步骤 5 ▶ 在"对齐方式"选项组中选择"右对齐"单选按钮；在"前导符"选项组中选择 2......② 单选按钮。

步骤 6 ▶ 单击"设置"按钮后，再单击"确定"按钮。

步骤 7 ▶ 在一行的开始输入章节的标题后，按 Tab 键，将插入点移动到右对齐制表位处，输入章节所在的页码。

步骤 8 ▶ 按 Enter 键，继续输入下一章节的目录，结果如图 2-40 所示。

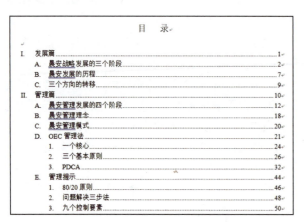

图 2-40 利用制表位制作目录

2.9 办公实例：制作招聘启示

本节将通过制作一个实例——制作招聘启示来巩固本章所学的知识，使读者能够真正将知识应用到实际工作中。

01 实例描述

用户制作招聘启示的目的是让更多的求职者看到该启示内容，从而吸引更多的优秀人才加盟。招聘启示除了传达公司招聘的职位、要求等信息，还要透露出公司的企业文化，所以对于招聘启示的格式也是有讲究的。

本实例将介绍如何设置精美的招聘启示，在制作过程中主要包括以下内容：

➢ 设置字体与字号；

➢ 设置段落格式；

➢ 设置底纹效果。

02 实例操作指南

练习素材：素材\第2章\原始文件\招聘启示.docx。

结果文件：素材\第2章\结果文件\招聘启示.docx。

本实例的具体操作步骤如下。

步骤 1 ▶ 选定文档的标题"招聘启示"，切换到功能区中的"开始"选项卡，单击"字体"组中的字体下拉按钮，从下拉列表中选择"仿宋"选项后，如图2-41所示，单击字号下拉按钮，在下拉列表中选择"二号"选项。

图 2-41 选择字体

步骤 2 ▶ 单击"字体"组右下角的 ▼ 按钮，打开"字体"对话框后，切换到"高级"选项卡，从"间距"下拉列表中选择"加宽"选项，单击"磅值"框右侧的数值调节按钮，增加磅值到5磅，单击"确定"按钮完成设置，如图2-42所示。

步骤 3 ▶ 单击"段落"组中的"居中"按钮，设置好的文档标题效果如图2-43所示。

步骤 4 ▶ 按住 Ctrl 键对文本的副标题进行多重选择，选定"企业简介""招聘职位"、"职位描述/要求"等内容，单击字体和字号按钮，在下拉列表中选择"黑体"和"三号"选项后，单击"段落"组中的边框按钮，在弹出的下拉列表中选择"边框和底纹"选项，如图2-44所示。

第2章 Word 基础操作

图 2-42 "字体"对话框

步骤 5 ▶▶ 弹出"边框和底纹"对话框后，切换到"底纹"选项卡，在"填充"下拉列表中选择用来填充的颜色，在"应用于"下拉列表中选择"文字"选项，如图 2-45 所示。单击"确定"按钮，设置好的文字效果如图 2-46 所示。

图 2-45 设置底纹的填充颜色

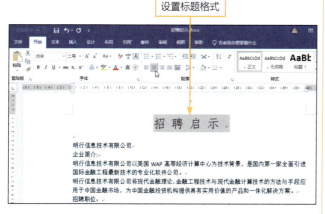

图 2-43 将标题居中

图 2-46 设置好的文字效果

图 2-44 选择"边框和底纹"选项

步骤 6 ▶▶ 用前面学过的方法选定企业简介的文字内容，单击"段落"组右下角的"段落设置"按钮，弹出"段落"对话框，在"缩进和间距"选项卡的"缩进"选项组中，单击"特殊格式"下拉按钮，在下拉列表中选择"首行缩进"选项，默认的"缩进值"为"2字符"；在"间距"选项组中的"行距"下拉列表中选择"1.5 倍行距"选项，如图 2-47 所示。单击"确定"按钮，结果如图2-48所示。

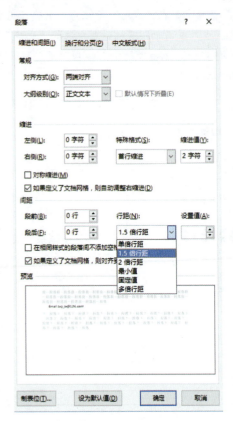

图2-47　设置缩进和间距

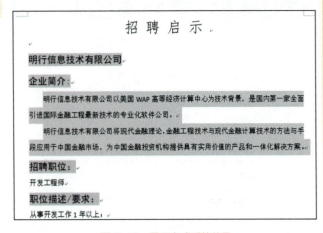

图2-48　显示完成后的效果

步骤 7 选定已经设置好的该段文字，双击"剪贴板"组中的格式刷按钮（见图2-49），拖动鼠标把副标题下面的文字变为和已设置文字一样的效果，如图2-50所示。完成后，单击格式刷按钮恢复正常状态。

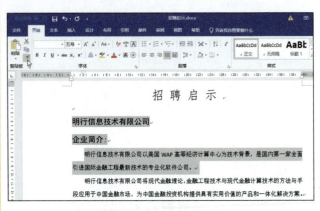

图2-49　双击格式刷按钮

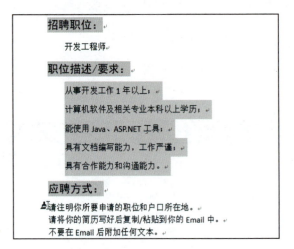

图2-50　利用格式刷设置格式

03　实例总结

本章详细地讲述了文档中字符和段落格式的设置并以实例的方式加以说明。主要用到以下知识点：

- 设置字体、字号；
- 设置字符间距；
- 设置段落对齐方式；
- 设置段落缩进方式。

第3章 使用样式高效制作文档

在篇幅较长且文档层次结构较为复杂的文档中,利用样式可以快速改变长文档的外观,减少重复性的操作,提高工作效率。本章将详细介绍样式的使用。样式是 Word 中最好的时间节省器之一,优点是保证所有文档的外观都非常漂亮,而且相关文档的外观都是一致的。通过本章的学习,读者将花费 10 分钟录入一篇文章,在 1 分钟内完成规范化修饰。

通过本章的学习,读者能够掌握如下内容。

➢ 样式的相关知识。
➢ 创建与修改样式。
➢ 应用样式。
➢ 长文档目录的提取。

Word/Excel/PPT/PS
就这么高效

3.1 样式的基本知识

本节将介绍一些样式的基本知识，为读者学习样式打下基础。

01 样式的概念

样式是一套预先设置好的文本格式。文本格式包括字体、字号、缩进等。样式都有名字。样式可以应用于一段文本，也可以应用于几个字，所有格式都是一次完成的。

> **提示**
> 在编排本书时，就使用了一套自定义的样式。章标题是一种样式，章内的主要标题是一种样式，操作步骤是一种样式，"提示"是一种样式。

02 内置样式与自定义样式

系统自带的样式为内置样式，用户无法删除Word 2019的内置样式，但可以修改内置样式。用户还可以根据需要创建自定义样式。

3.2 快速使用现有的样式

Word 2019内置了很多样式，用户可以直接在文档中使用。如果要使用字符类型的样式，则可以在文档中选择要套用样式的文本块；如果要应用段落类型的样式，则只需将光标定位到要设置的段落范围内。具体操作步骤如下。

步骤1 打开需要排版的文档，选定或将插入点置于要设置样式的内容，切换到功能区中的"开始"选项卡，单击"样式"组中的 按钮，如图3-1所示。

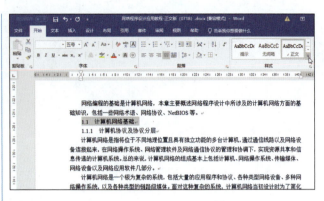

图3-1 单击"样式"组中的 按钮

步骤2 从弹出的样式列表中选择需要的样式，如"副标题"选项，即可将样式应用于选定的段落，如图3-2所示。

图3-2 选择"副标题"选项

3.3 创建新样式

创建新样式很简单，只需为其取一个名称后，将所需的格式依次设置好即可。具体操作步骤如下。

步骤1 切换到功能区中的"开始"选项卡，单击"样式"组右下角的样式按钮，打开"样式"对话框，单击新建样式按钮，打开如图3-3所示的"根据格式设置创建新样式"对话框。

步骤2 在"名称"文本框中输入新建样式的名称。命名时有两点需要注意：尽量取有意义的名称；名称不能与系统默认的样式同名。

步骤3 在"样式类型"下拉列表框中选择样式类型，包括5个选项：段落、字符、链接段落和字符、表格和列表。其中，经常使用的是字符和段落。根据创建样式时设置的类型不同，其应用范围也不同。例如，字符用于设置选中的文字格式，段落可用于设置整个段落的格式。

图 3-3 "根据格式设置创建新样式"对话框

步骤 4 在"样式基准"下拉列表框中列出了当前文档中的所有样式。如果要创建的样式与其中某个样式比较接近，则可以选择列表中的已有样式后，新样式会继承已有样式的格式，只要稍加修改，即可创建新样式。

步骤 5 在"后续段落样式"下拉列表框中显示了当前文档中的所有样式，该选项的作用是在编辑文档的过程中，按下 Enter 键后，可转到下一段落时自动套用该样式。

步骤 6 在"格式"选项组中，可以设置段落的常用格式，如字体、字号、字形、字体颜色、段落对齐方式、行间距等。

> **提 示**
> 另外，用户还可以单击"格式"按钮，在弹出的菜单中选择要设置的格式类型后，在打开的对话框中进行详细设置。

下面以新建一个"二级标题"样式为例，类型为"段落"，其中的格式如下。

➢ 字体为黑体、字号为三号、颜色为红色。
➢ 段落对齐方式为居中，段前间距、段后间距为 1 行。

创建该样式的具体操作步骤如下。

步骤 1 打开"根据格式设置创建新样式"对话框，在"名称"文本框中输入"二级标题"，将"样式类型"设置为"段落"，"样式基准"设置为"正文"，"后续段落样式"设置为"二级标题"。

步骤 2 在"格式"选项组中，将字体设置为"黑体"，字号为"三号"，字体颜色为红色，单击居中按钮。

步骤 3 单击"格式"按钮，在弹出的菜单中选择"段落"选项，在打开的"段落"对话框中设置"段前"和"段后"为"1 行"，如图 3-4 所示。

图 3-4 设置样式的格式

步骤 4 ▶ 单击"确定"按钮，关闭该对话框。此时，在"样式"窗格中即可看到新建的"二级标题"样式，如图 3-5 所示。只需移到要应用"二级标题"样式的段落中，单击"二级标题"样式即可快速设置格式。

书""二号"。

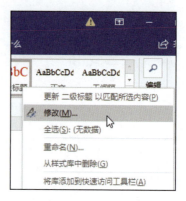

图 3-6 从快捷菜单选择"修改"选项

图 3-5 选择创建的"二级标题"样式

图 3-7 选择"修改"选项

3.4 修改与删除样式

练习素材：素材\第 3 章\原始文件\修改与删除样式 .docx。

结果文件：素材\第 3 章\结果文件\修改与删除样式 .docx。

内置样式与自定义样式都可以修改。修改样式后，Word 会自动更新整个文档中应用该样式的文本格式。例如，将"二级标题"样式中的"黑体"改为"隶书"、字号改为"二号"，就需要通过以下 3 种方法打开"修改样式"对话框。

- ➤ 右击快速样式库中要修改的样式，在弹出的快捷菜单中选择"修改"选项，如图 3-6 所示。
- ➤ 打开"样式"对话框，单击样式名右侧的下拉按钮，选择"修改"选项，如图 3-7 所示。
- ➤ 打开"样式"对话框，右击样式名，在弹出的快捷菜单中选择"修改"选项。

"修改样式"对话框与前面介绍的"根据格式设置创建新样式"对话框的设置方法基本相似，如将"二级标题"样式的字体改为"隶书""二号"。修改样式后，文档中所有应用"二级标题"样式的段落都会改为"隶

提示

如果要修改自定义样式的名称，则可以在"修改样式"对话框的"名称"文本框中输入新名称。另外，还可以右击快速样式库中的样式，在弹出的快捷菜单中选择"重命名"选项，在打开的"重命名样式"对话框中输入样式的新名称后，单击"确定"按钮。

对于不使用的样式，可以将其删除，打开"样式"对话框，单击样式名右侧的下拉按钮，或者右击样式名，在弹出的快捷菜单中选择"删除'二级标题'"选项（根据具体样式名不同而异），即可将该样式从当前文档中删除。

3.5 为样式指定快捷键

练习素材：素材\第 3 章\原始文件\

为样式指定快捷键 .docx。

结果文件：素材\第3章\结果文件\为样式指定快捷键 .docx。

在一篇文档中创建了众多样式，在为不同内容设置样式时，就需要不停地单击相应样式完成设置，会降低工作效率。此时，可以为样式设置快捷键。例如，为"二级标题"样式指定快捷键为 Ctrl+2，具体的操作步骤如下。

步骤 1 ▶ 利用前一节的方法，打开"二级标题"样式的"修改样式"对话框，单击"格式"按钮，在弹出的菜单中选择"快捷键"选项，打开"自定义键盘"对话框，将光标定位到"请按新快捷键"文本框中后，同时按键盘上的 Ctrl 键和 2 键，即可在该文本框中显示 Ctrl+2，单击"指定"按钮，即可为"二级标题"样式指定快捷键 Ctrl+2，如图 3-8 所示。

图 3-8 "自定义键盘"对话框

图 3-8 "自定义键盘"对话框（续）

步骤 2 ▶ 单击"关闭"按钮后，单击"确定"按钮，关闭"修改样式"对话框。

步骤 3 ▶ 此时，只需将光标移到要应用"二级标题"的段落中，按 Ctrl+2 组合键，即可为该段落快速应用"二级标题"样式。

3.6 办公实例：提取"员工手册"的目录

如果是日常办公中使用的较短文档，可能不需要使用目录。但是对于较长的文档来说，一般都需要配备清晰的目录：一方面便于在写作时厘清思路；另一方面也便于文档的快速定位、查看。

01 实例描述

通常"员工手册"有多页，并且包含各种小标题，需要在文档排版后为其制作出目录，以方便用户了解并使用文档。

02 实例操作指南

练习素材：素材\第3章\原始文件\员工手册 .docx。本实例的具体操作步骤如下。

步骤 1 ▶ 打开"员工手册"，利用前面介绍的内容分别创建"标题一"和"标题二"样式。

步骤 2 ▶ 为文档的不同标题应用"标题一"和"标题二"样式，如图3-9所示。

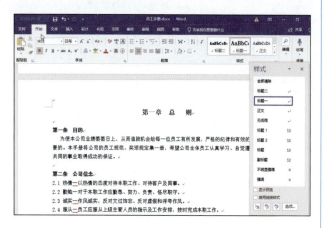

图3-9 为文档应用样式

步骤 3 ▶ 将插入点置于要插入目录的位置，单击"引用"选项卡，单击"目录"向下箭头，从下拉菜单中单击"自定义目录"选项，打开"目录"对话框，如图3-10所示。

图3-10 "目录"对话框

步骤 4 ▶ 打开"目录选项"对话框，将"标题一"的"目录级别"设置为"1"，将"标题二"的"目录级别"设置为"2"，如图3-11所示。

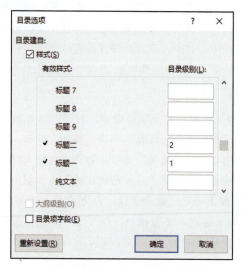

图3-11 "目录选项"对话框

步骤 5 ▶ 单击"确定"按钮，返回"目录"对话框后，单击"确定"按钮，即可在指定位置插入目录，如图3-12所示。

图3-12 插入目录

03 实例小结

本实例延续了样式的使用。当用户排版书籍、长报告或产品说明书时，可以利用样式快速设置文档的标题格式，利用提取目录功能快速生成目录。

第 4 章 文档页面设置

前面已经介绍了文档排版的方法和技巧,本章将使用 Word 的页面排版功能,设置相关内容,包括分栏排版、设置页码、设置页眉和页脚、调整页边距和纸张大小等。

4.1 分栏排版

练习素材：素材\第4章\原始文件\分栏排版.docx。

结果文件：素材\第4章\结果文件\分栏排版.docx。

分栏常用于排版报纸、杂志和词典，可以使版面更加美观、便于阅读，同时对回行较多的版面起到节约纸张的作用。

01 分栏排版

如果要设置分栏，则可以按照下述步骤操作。

步骤 1 ▶▶ 要将整个文档设置成多栏版式，请按 Ctrl+A 组合键选择整篇文档；要将文档的一部分设置成多栏版式，请选定相应的文本。

步骤 2 ▶▶ 切换到功能区中的"布局"选项卡，在"页面设置"组中单击"栏"按钮右侧的向下箭头，从下拉菜单中选择分栏效果，如选择"两栏"，结果如图 4-1 所示。

步骤 3 ▶▶ 如果预设的几种分栏格式不符合要求，则可以选择"栏"下拉菜单中的"更多栏"选项，打开如图 4-2 所示的"栏"对话框。

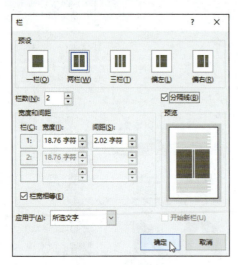

图 4-2 "栏"对话框

步骤 4 ▶▶ 在"预设"选项组中单击要使用的分栏格式，例如"两栏"。在"应用于"下拉列表框中，指定分栏格式应用的范围："整篇文档""插入点之后""本节"或"所选节"。

步骤 5 ▶▶ 如果要在栏间设置分隔线，可选中"分隔线"复选框。

步骤 6 ▶▶ 单击"确定"按钮。添加分隔线后的分栏效果如图 4-3 所示。

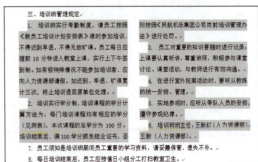

图 4-3 添加分隔线后的分栏效果

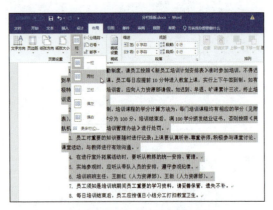

图 4-1 快速分栏

02 修改分栏

用户可以修改已存在的分栏，如改变分栏的数目、改变分栏的宽度、改变分栏之间的间距等。具体操作步骤如下。

步骤 1 ▶ 将插入点移到要修改的分栏位置。

步骤 2 ▶ 单击"布局"选项卡中"栏"下拉菜单中的"更多栏"选项，出现"栏"对话框。

步骤 3 ▶ 在"预设"选项组中选择要使用的分栏格式。

步骤 4 ▶ 要改变特定分栏的宽度或间距，可以在该分栏的"宽度"或"间距"文本框中输入合适的宽度和间距值。

步骤 5 ▶ 单击"确定"按钮。

03 创建等长栏

采用分栏排版格式时，页面上的每栏文本都接续到下一页，在多栏文本结束时，可能会出现最后一栏排不满的情况。创建等长栏的具体操作步骤如下。

步骤 1 ▶ 将插入点移至分栏文本的结尾。

步骤 2 ▶ 切换到功能区中的"布局"选项卡，在"页面设置"组中单击"分隔符"按钮右侧的向下箭头，从下拉菜单中选择"连续"选项。

04 取消分栏排版

如果要取消分栏排版，则可以按照下述步骤操作。

步骤 1 ▶ 选定要从多栏改为单栏的正文，或者将插入点放置在需要取消分栏排版的节中。

步骤 2 ▶ 切换到功能区中的"布局"选项卡，在"页面设置"组中单击"栏"按钮右侧的向下箭头，从下拉菜单中选择"一栏"选项。

4.2 文档的分页与分节

本节将介绍 Word 中长文档的分页与分节设置，使内容能够排放在指定的位置。

01 设置分页

练习素材：素材\第4章\原始文件\设置分页.docx。

结果文件：素材\第4章\结果文件\设置分页.docx。

分页符是分页的一种符号，标记一页终止并开始下一页。Word 具有自动分页功能，也就是说，当输入的文本或插入的图形满一页时，Word 将自动转到下一页，并且在文档中插入一个软分页符。

> **提示**
>
> 除了自动分页外，还可以人工分页，所插入的分页符称为人工分页符或硬分页符。分页符位于一页的结束、另一页的开始。

打开原始文件，将光标定位到要作为下一页的段落开头，切换到功能区中的"布局"选项卡，在"页面设置"组中单击"分隔符"按钮右侧的向下箭头，从下拉菜单中选择"分页符"选项，即可将光标位置后面的内容下移一个页面，如图 4-4 所示。

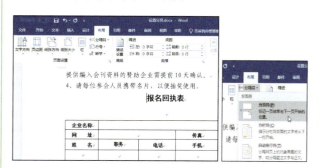

图 4-4 插入分页符

02 设置分节符

练习素材：素材\第4章\原始文件\设置分节符.docx。

结果文件：素材\第4章\结果文件\设置分节

符 .docx。

所谓"节",是指 Word 用来划分文档的一种方式。分节符是指在节的结尾插入的标记。分节符包含节的格式设置元素,如页边距、页面的方向、页眉、页脚和页码的顺序。在 Word 2019 中有 4 种分节符可供选择,分别是"下一页""连续""偶数页"和"奇数页"。

> 下一页:Word 文档会强制分页,在下一页上开始新节。可以在不同页面上分别应用不同的页码样式、页眉和页脚文字,以及改变页面的纸张方向、纵向对齐方式或者线型。

> 连续:在同一页上开始新节,Word 文档不会被强制分页,如果"连续"分节符前后的页面设置不同,则 Word 会在插入分节符的位置强制文档分页。

> 偶数页:将在下一偶数页上开始新节。

> 奇数页:将在下一奇数页上开始新节。在编辑长篇文稿时,习惯将新的章节标题排在奇数页上,此时可插入奇数页分节符。

下面演示将一篇文档分成多个节,即除第二页为横向版面外,全文为纵向版面的效果,如图 4-5 所示。

图 4-5 分节符应用的示例

设置分节符的具体操作步骤如下。

步骤 1 ▶▶ 将插入点移到要设置为横向版面的文档。

步骤 2 ▶▶ 切换到功能区中的"布局"选项卡,单击"分隔符"按钮,从弹出的下拉菜单中选择"下一页"选项。

步骤 3 ▶▶ 将插入点移到横向版面后的纵向版面开始处。

步骤 4 ▶▶ 切换到功能区中的"布局"选项卡,单击"分隔符"按钮,从弹出的下拉菜单中选择"下一页"选项。

步骤 5 ▶▶ 将插入点放在横向版面中的任意位置。

步骤 6 ▶▶ 切换到功能区中的"布局"选项卡,单击"纸张方向"按钮,从弹出的下拉菜单中选择"横向"选项。

4.3 设置页码

练习素材:素材\第 4 章\原始文件\设置页码 .docx。

结果文件:素材\第 4 章\结果文件\设置页码 .docx。

当一篇文章由多页组成时,为了便于按顺序排列与查看,希望每页都有页码。使用 Word 可以快速为文档添加页码。具体操作步骤如下。

步骤 1 ▶▶ 切换到功能区中的"插入"选项卡,在"页眉和页脚"组中单击"页码"按钮,弹出下拉菜单。

步骤 2 ▶▶ 在"页码"下拉菜单中可以选择页码出现的位置。例如,要插入到页面的底部,就选择"页面底端",从其子菜单中选择一种页码格式,如图 4-6 所示。

图 4-6 选择页码格式

图 4-6　选择页码格式（续）

步骤 3 ▶ 如果要设置页码的格式，则可以从"页码"下拉菜单中选择"设置页码格式"选项，出现如图 4-7 所示的"页码格式"对话框。

图 4-7　"页码格式"对话框

步骤 4 ▶ 在"编号格式"列表框中可以选择一种页码格式，如"一，二，三，…""i，ii，iii，…"等。

步骤 5 ▶ 如果想改变页码的起始位置，则可以在"起始页码"文本框中输入相应的值，例如，将一个长文档分成数个小文档，第一个文档共 3 页，第二个文档的页码则需要从"4"开始，就可以在"起始页码"文本框中输入"4"。

步骤 6 ▶ 单击"确定"按钮，关闭"页码格式"对话框。此时，可以看到修改后的页码，如图 4-8 所示。

图 4-8　修改了页码格式

4.4　设置页眉与页脚

页眉是指位于打印纸顶部的说明信息。

页脚是指位于打印纸底部的说明信息。页眉和页脚的内容可以是页号，也允许输入其他的信息，如将文章的标题作为页眉的内容，或将公司的徽标插入页眉中。

01　创建页眉或页脚

练习素材：素材\第 4 章\原始文件\创建页眉或页脚 .docx。

结果文件：素材\第 4 章\结果文件\创建页眉或页脚 .docx。

使用 Word 进行文档编辑时，页眉和页脚并不需要每添加一页都创建一次，可以在进行版式设计时直接为全部的文档添加页眉和页脚。Word 2019 提供了许多漂亮的页眉、页脚的格式。创建页眉或页脚的具体操作步骤如下。

步骤 1 ▶ 切换到功能区中的"插入"选项卡，在"页眉和页脚"组中单击"页眉"按钮，从弹出的菜单中选择页眉的格式。

步骤 2 ▶ 选择所需的格式后，即可在页眉区添加相应的格式，同时功能区中显示"设计"选项卡可以设置页眉和页脚的格式，如图 4-9 所示。

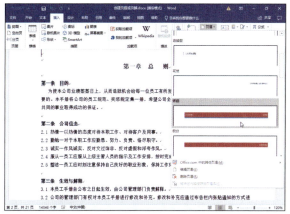

图 4-9　进入页眉区

Word/Excel/PPT/PS
就这么高效

步骤 3 ▶ 输入页眉的内容，或者单击"设计"选项卡上的按钮来插入一些特殊的信息。

提示

要插入当前日期或时间，可以单击"日期和时间"按钮；要插入图片，可以单击"图片"按钮，从弹出的"插入图片"对话框中选择所需的图片；要插入剪贴画，可以单击"联机图片"按钮，在弹出对话框的"必应图像搜索"框中输入剪贴画的关键字，搜索到所需的剪贴画后，单击"插入"按钮。

步骤 4 ▶ 单击"设计"选项卡上的"转至页脚"按钮，切换到页脚区。页脚的设置方法与页眉相同。

步骤 5 ▶ 单击"设计"选项卡上的"关闭页眉和页脚"按钮，返回到正文编辑状态。

02 为奇偶页创建不同的页眉和页脚

对于双面打印的文档（如书刊等），通常需要设置奇偶页不同的页眉和页脚。具体操作步骤如下。

步骤 1 ▶ 双击页眉区或页脚区，进入页眉或页脚编辑状态，并显示"设计"选项卡。

步骤 2 ▶ 选中"选项"组内的"奇偶页不同"复选框。

步骤 3 ▶ 此时，在页眉区的顶部显示"奇数页页眉"字样。用户可以根据需要创建奇数页的页眉。

步骤 4 ▶ 单击"设计"选项卡上的"下一节"按钮，在页眉区的顶部显示"偶数页页眉"字样，可以根据需要创建偶数页的页眉。如果想创建偶数页的页脚，可以单击"设计"选项卡上的"转至页脚"按钮，切换到页脚区进行设置。

步骤 5 ▶ 设置完毕后，单击"设计"选项卡上的"关闭页眉和页脚"按钮。

4.5 设置页面大小

在排版时通常会对文档有不同的页面设置要求，包括纸张方向、纸张大小和页边距等。这些设置都可以在文档编辑后，根据当前要求进行设置与调整，从而让文档的版式更加美观、符合要求。

01 设置纸张大小和方向

纸张大小是指用于打印文档的纸张幅面，例如平时打印个人简历或公司文档一般都用 A4 纸，还有诸如 A3、B4、B5 等很多纸张大小规格。纸张方向一般分为横向和纵向两种。通常打印出的文档一般要求纸张是纵向的，有时也用横向纸张，例如一个很宽的表格，采用横向打印可以确保表格的所有列完全显示。设置纸张大小和方向的具体操作步骤如下。

步骤 1 ▶ 打开文档，切换到功能区中的"布局"选项卡，在"页面设置"组中单击"纸张大小"按钮的向下箭头，在下拉菜单中选择纸张大小。

步骤 2 ▶ 如果要自定义特殊的纸张大小，则可以选择"纸张大小"下拉菜单中的"其他纸张大小"选项，在打开的"页面设置"对话框中单击"纸张"选项卡，设置所需的纸张大小，如图 4-10 所示。

图 4-10 "纸张"选项卡

步骤 3 ▶ 如果要设置纸张方向，则可以在"布局"选项卡的"页面设置"组中单击"纸张方向"按钮后，选择"纵向"或"横向"选项。

02 设置页边距

页边距是指版心到页边界的距离，又叫页边空白。为文档设置合适的页边距，可使文档显得更加清爽，让人赏心悦目。设置页边距的具体操作步骤如下。

第4章 文档页面设置

步骤 1 ▶ 切换到功能区中的"布局"选项卡,在"页面设置"组中单击"页边距"按钮的向下箭头,从下拉菜单中选择一种边距大小。如果要自定义边距,则可以单击"页边距"下拉菜单中的"自定义边距"选项,在打开的"页面设置"对话框中单击"页边距"选项卡,如图4-11所示。

步骤 2 ▶ 在"上""下""左"和"右"文本框中,分别输入页边距的数值。

步骤 3 ▶ 如果打印后需要装订,则在"装订线"文本框中输入装订线的宽度,在"装订线位置"下拉列表框中选择"左"或"上"。

步骤 4 ▶ 在"纸张方向"选区中选择"纵向"或"横向"选项,决定文档页面的方向。在"应用于"列表框中选择应用页边距设置的文档范围。

步骤 5 ▶ 单击"确定"按钮。

图4-11 "页边距"选项卡

第 5 章 使用表格

在编辑 Word 文档过程中，若需要在文档中制作表格，则可以将数据组织得并井有条。Word 提供的表格功能强大，不仅可以创建表格，而且可以对表格进行编辑和排版。

通过本章的学习，读者能够掌握如下内容。

➢ 创建表格、调整表格结构。
➢ 设置表格格式。

第 5 章 使用表格

5.1 插入表格

在 Word 2019 中，表格是由行和列的单元格组成的，可以在单元格中输入文字，使文档内容变得更加直观和形象，增强文档的可读性。

01 自动创建表格

用户可以使用自动创建表格功能插入简单的表格，具体操作步骤如下。

步骤 1 ▶▶ 将插入点置于要插入表格的位置。

步骤 2 ▶▶ 切换到功能区中的"插入"选项卡，在"表格"组中单击"表格"按钮，在该按钮下方出现如图 5-1 所示的示意表格。

步骤 3 ▶▶ 用鼠标在示意表格中拖动，选择表格的行数和列数，同时在示意表格的上方显示相应的行、列数。

步骤 4 ▶▶ 选定所需的行、列数后，释放鼠标，即可得到所需的表格，如图 5-2 所示。

图 5-1 示意表格

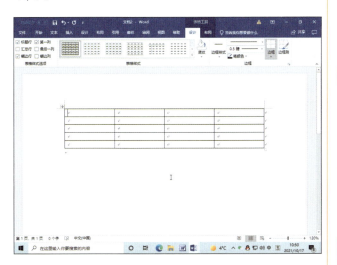

图 5-2 自动创建表格

02 手动创建表格

手动创建表格，可以准确地输入表格的行数和列数，还可以根据实际需要调整表格的列宽。切换到功能区中的"插入"选项卡，在"表格"组中单击"表格"按钮后，选择"插入表格"选项，打开如图 5-3 所示的"插入表格"对话框。在"列数"和"行数"文本框中，输入要创建表格的列数和行数。单击"确定"按钮，即可在插入点处创建表格。

图 5-3 "插入表格"对话框

在"插入表格"对话框的"'自动调整'操作"选项组中选择不同的选项，将创建不同列宽设置方式的表格。

- 固定列宽：选中该单选按钮，可以在右侧的文本框中输入具体的数值。
- 根据内容调整表格：选中该单选按钮，表格将根据内容量调整列宽。
- 根据窗口调整表格：选中该单选按钮，创建的表格列宽以百分比为单位。

03 在表格中输入文本

结果文件：素材\第5章\结果文件\在表格中输入文本.docx。

与在表格外的文档中输入文本一样，在表格中输入文本时，首先将插入点移到要输入文本的单元格中，然后输入文本。

提示

如果输入的文本超过了单元格的宽度时，会自动换行并增大行高。如果要在单元格中开始一个新段落，则可以按 Enter 键，该行的高度也会相应增大。

如果要移到下一个单元格中输入文本,则可以用鼠标单击该单元格,或者按 Tab 键或向右箭头键移动插入点后,输入相应的文本。如图 5-4 所示为在表格中输入文本的示例。

图 5-4　在表格中输入文本

5.2 编辑表格

新创建的表格往往离实际的表格仍有一定的差距,还要进行适当的编辑,如合并单元格、拆分单元格、插入或删除行、插入或删除列、插入或删除单元格等。

01 在表格中选定内容

在对表格进行操作之前,必须先选定所要操作的单元格。如果要选定一个单元格中的部分内容,则可以用鼠标拖动的方法进行选定,与在文档中选定正文一样。另外,在表格中还有一些特殊的选定单元格、行或列的方法,如图 5-5 所示。

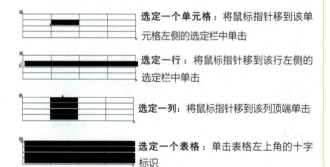

图 5-5　选定单元格、行、列与表格

> **提示**
>
> 另一种选定的方法是,将插入点置于要选定的单元格中后,切换到功能区的"布局"选项卡,单击"选择"按钮,从下拉菜单中选择"选择单元格""选择行""选择列"或"选择表格"选项。

02 在表格中插入与删除行和列

由于很多时候在创建表格初期并不能准确估计表格的行、列数量,因此在编辑表格数据的过程中会出现表格行、列数量不够用或在数据输入完成后有剩余的现象,这时通过添加或删除行和列可以很好地解决。

在表格中插入行和列的方法有以下几种。

➤ 单击表格中的某个单元格,切换到功能区中的"布局"选项卡,在"行和列"组中单击"在上方插入"按钮或"在下方插入"按钮,可在当前单元格的上方或下方插入一行。同理,要插入列,可以单击"在左侧插入"按钮或"在右侧插入"按钮。该操作也可以通过右键快捷菜单中的"插入"选项的子选项来完成。

➤ 切换到功能区中的"布局"选项卡,在"行和列"组中单击右下角的"表格插入单元格"按钮,打开"插入单元格"对话框,选中"整行插入"或"整列插入"单选按钮,也可以插入一行或一列。

➤ 单击表格右下角单元格的内部,按 Tab 键将在表格下方添加一行。

➤ 将光标定位到表格右下角单元格的外侧,按 Enter 键可在表格下方添加一行。

➤ 在 Word 2019 中,只需将鼠标指向要添加新行边框的左侧,就会出现一个"+"符及直观的双边框线,单击"+"符,即可快速在此处插入一个空行,如图 5-6 所示。同样,如果要插入列,只需将鼠标指向要添加新列边框的上方,会出现一个"+"符及直观的双边框线,单击"+"符,即可快速在此处插入一个空白列。

删除行和列的方法有以下两种。

➤ 右击要删除的行或列后,在弹出的菜单中选择"删除行"或"删除列"选项,可以删除该行或列。

➢ 单击要删除行或列包含的一个单元格，切换到功能区中的"布局"选项卡，在"行和列"组中单击"删除"按钮后，选择"删除行"或"删除列"选项。

图 5-6　快速插入行

03 合并与拆分单元格和表格

在编辑表格时，经常需要根据实际情况对表格进行一些特殊的编辑操作，如合并单元格、拆分单元格、拆分表格等。

1．合并单元格

练习素材：素材\第5章\原始文件\合并单元格.docx。

结果文件：素材\第5章\结果文件\合并单元格.docx。

在 Word 2019 中，合并单元格是指将矩形区域的多个单元格合并成一个较大的单元格。下面介绍合并单元格的具体操作步骤。

步骤 1 ▶ 选定准备合并的单元格。

步骤 2 ▶ 切换到功能区中的"布局"选项卡，在"合并"组中单击"合并单元格"按钮，如图 5-7 所示。

图 5-7　合并单元格

2．拆分单元格

练习素材：素材\第5章\原始文件\拆分单元格.docx。

结果文件：素材\第5章\结果文件\拆分单元格.docx。

在 Word 2019 中，拆分单元格是指将一个单元格拆分为几个较小的单元格。具体操作步骤如下。

步骤 1 ▶ 选定准备拆分的单元格。

步骤 2 ▶ 切换到功能区中的"布局"选项卡，在"合并"组中单击"拆分单元格"按钮，打开"拆分单元格"对话框。

步骤 3 ▶ 在"列数"和"行数"文本框中分别输入每个单元格要拆分成的列数和行数。如果选定了多个单元格，则可以选中"拆分前合并单元格"复选框，在拆分前把选定的单元格合并。

步骤 4 ▶ 单击"确定"按钮，即可将单元格拆分为指定的列数和行数，如图 5-8 所示。

提 示

如果要将两个独立的表格合并为一个表格，则可以删除它们之间的换行符使两个表格合并在一起。

5.3 设置表格尺寸和外观

本节将介绍一些关于设置表格尺寸大小及美化表格外观的操作方法，包括调整表格列宽和行高、设置表格边框和底纹、套用表格样式等。

01 调整表格列宽和行高

调整表格列宽和行高的具体操作方法有以下几种。

➤ 通过鼠标拖动：将光标指向要调整列的列边框和行的行边框，当光标形状变为上下或左右的双向箭头时，按住鼠标左键拖动即可调整列宽和行高。

➤ 通过指定列宽和行高：选择要调整列宽的列或行高的行后，切换到功能区中的"布局"选项卡，在"单元格大小"组设置"宽度"和"高度"的值，按 Enter 键即可调整列宽或行高。

➤ 通过 Word 自动调整功能：切换到功能区中的"布局"选项卡，在"单元格大小"组中单击"自动调整"按钮，从弹出的菜单中选择所需的选项即可。

图 5-8 拆分单元格

3. 拆分表格

Word 2019 允许用户把一个表格拆分成两个表格或多个表格后，在表格之间插入普通文本。拆分表格的具体操作步骤如下。

步骤 1➤ 将插入点置于要分开的行分界处，也就是要成为拆分后第二个表格的第一行处。

步骤 2➤ 切换到功能区中的"布局"选项卡，单击"合并"组中的"拆分表格"按钮，或者按 Ctrl+Shift+Enter 组合键。这时，插入点所在行以下的部分就从原表格中分离出来，变成一个独立的表格。

提 示

如果要调整多列宽度和多行高度，而且希望这些列的列宽和行的行高都相同，则可以使用"分布列"和"分布行"功能。先选择要调整的多列或多行，然后切换到功能区中的"布局"选项卡，在"单元格大小"组中单击"分布列"按钮 或"分布行"按钮 。

02 设置表格边框和底纹

练习素材：素材\第 5 章\原始文件\设置表格边框和底纹 .docx。

结果文件：素材\第5章\结果文件\设置表格边框和底纹.docx。

前面介绍的方法，虽然可以使表格中的数据排列整齐，却无法更好地美化表格。为了使表格的设计更具专业效果，Word提供了设置表格边框和底纹的功能。

1. 设置表格边框

为了使表格看起来更加有轮廓感，可以将其最外层边框加粗。具体操作步骤如下。

步骤1 ▶▶ 选定整个表格，切换到功能区中的"设计"选项卡后，单击"边框"组中的"边框"按钮，从"边框"下拉菜单中选择"边框和底纹"选项，打开如图5-9所示的"边框和底纹"对话框。

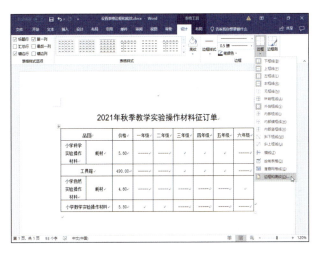

图5-9 "边框和底纹"对话框

步骤2 ▶▶ 在"边框"选项卡中，在"应用于"下拉列表中设置好边框的应用范围后，在"设置""样式""颜色"和"宽度"中设置表格边框的外观。

步骤3 单击"确定"按钮。添加边框后的表格如图5-10所示。

图5-10 添加边框后的表格

> **提示**
>
> **利用"边框刷"快速添加边框**
>
> 在Word 2019中，如果想快速为某些边框设置不同的框线，可以单击表格的任意单元格，再单击"设计"选项卡后，在"边框"组中设置笔样式、笔划粗细、笔颜色，单击"边框刷"按钮，在要改变框线的表格边框上拖动即可。

2. 设置表格底纹

为了区分表格标题与表格正文，使其外观醒目，经常会给表格标题添加底纹。具体操作步骤如下。

步骤1 ▶▶ 选定要添加底纹的单元格，切换到"设计"选项卡，单击"表格样式"组中"底纹"按钮的向下箭头，在弹出的颜色菜单中选择所需的颜色。当鼠标指向某种颜色后，可在单元格中立即其预览效果，如图5-11所示。

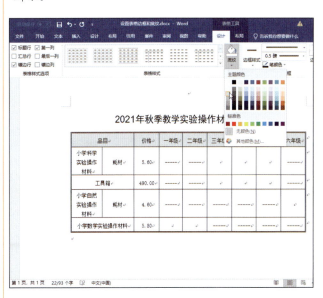

图5-11 为单元格添加底纹

步骤 2 ▶ 用同样的方法为其他标题添加底纹，如图 5-12 所示。

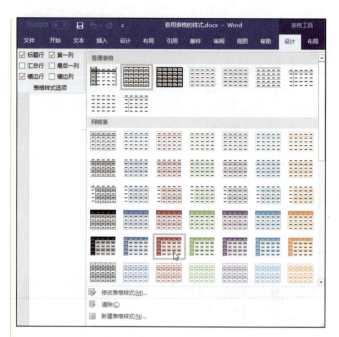

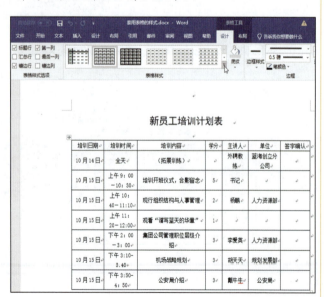

图 5-12　为表格的标题添加底纹

03 套用表格的样式

练习素材：素材\第5章\原始文件\套用表格的样式.docx。

结果文件：素材\第5章\结果文件\套用表格的样式.docx。

无论是新建的空表，还是已经输入数据的表格，都可以使用表格的快速样式来设置表格的格式，如将阴影、边框、底纹和其他有趣的格式元素应用于表格。具体操作步骤如下。

步骤 1 ▶ 将插入点置于要排版的表格中。

步骤 2 ▶ 切换到功能区中的"设计"选项卡，在"表格样式"组中选择一种样式，即可在文档中预览此样式的排版效果，如图 5-13 所示。

图 5-13　应用表格样式排版的表格（续）

图 5-13　应用表格样式排版的表格

5.4 办公实例：制作人事资料表

本章已经介绍了创建表格、编辑表格、合并与拆分表格、设置表格格式等操作方法和技巧。本节将通过制作人事资料表来进一步提高制作表格的实际应用能力。

第 5 章　使用表格

01 实例描述

本实例将介绍整体规划表格及制作表格的一些细节，主要包括以下内容。

➢ 创建表格并修改表格的结构；
➢ 输入表格内容并设置表格的格式。

02 实例操作指南

结果文件：素材\第 5 章\结果文件\人事资料表 .docx。

制作不同用途的表格，其格式也都不同。以人事资料表为例，具体的操作步骤如下。

步骤 1 ▶▶ 启动 Word，自动创建一个空白文档。在第一行的插入点输入表格的名称"人事资料表"，将其居中对齐，并设置字体为黑体，字号为三号。

步骤 2 ▶▶ 按 Enter 键换段，设置字体为宋体，字号为五号，单击"插入"选项卡的"表格"按钮，在弹出的"表格"菜单中选择"插入表格"选项，出现"插入表格"对话框，在"行数"和"列数"文本框中输入所需的数值。这里输入"列数"为 7，"行数"为 27。单击"确定"按钮，一张表格就创建完成了，如图 5-14 所示。

步骤 3 ▶▶ 拖动选择表格右侧第一列的前 5 个单元格，切换到功能区中的"布局"选项卡，单击"合并"组中的"合并单元格"按钮，结果如图 5-15 所示。

图 5-14　创建表格

图 5-14　创建表格（续）

图 5-15　合并单元格

> **提示**
>
> 单击"文件"选项卡中的"选项"选项，打开"Word 选项"对话框，单击"显示"选项后，在右侧窗格中撤选"段落标记"复选框，可以隐藏单元格中显示的段落标记。

步骤 4 ▶▶ 重复步骤 3 的操作，继续合并相应的单元格。单击第 1 行第 1 个单元格，光标插入点会闪动，表示可以在此处输入文字，再单击相应的单元格，输入表格数据，如图 5-16 所示。

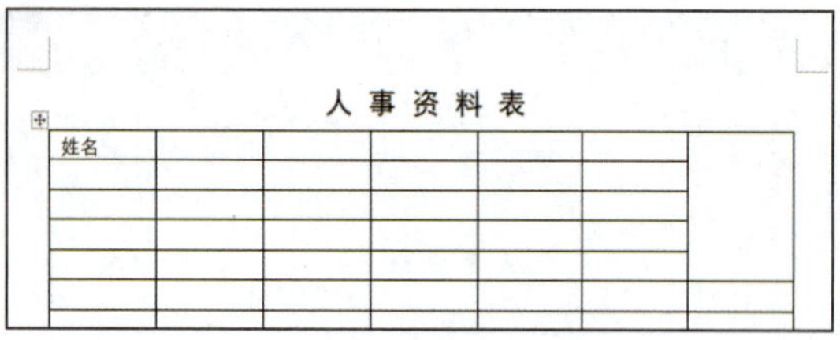

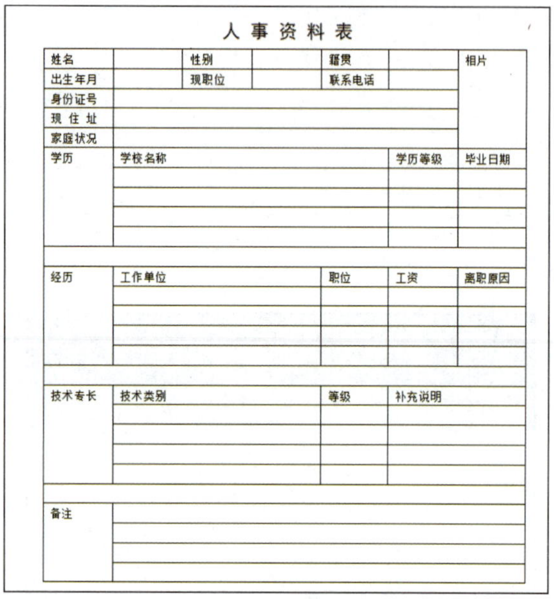

图 5-16 输入表格文字

步骤 5 ▶▶ 如果要使表格中所有单元格都能水平、垂直居中，则选定全部表格后，单击"对齐方式"组中的水平居中按钮，即可一次性将单元格内的文字居中对齐，如图 5-17 所示。

图 5-17 使表格的内容居中

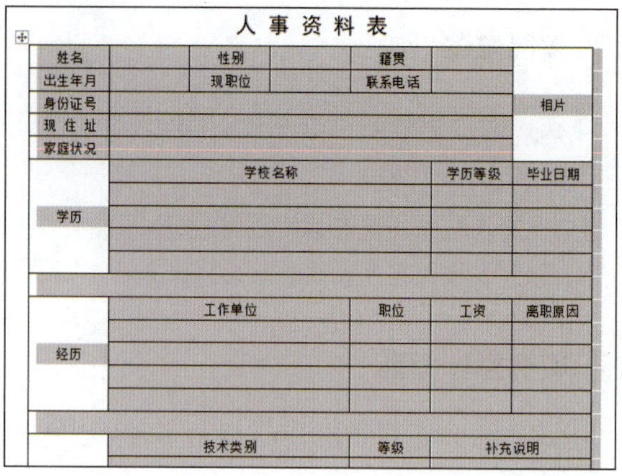

图 5-17 使表格的内容居中（续）

步骤 6 ▶▶ 将插入点定位到"学历"单元格中的"学"字后面后，按 Enter 键，将"学历"二字竖排。按照同样的方法，分别将"经历""技术专长""备注"和右上角的"相片"竖排。将插入点定位到"姓名"单元格中的"姓"字后面，按 4 次空格键，使其与下面单元格中的"出生年月"文字两端对齐，增强表格的美观性，如图 5-18 所示。

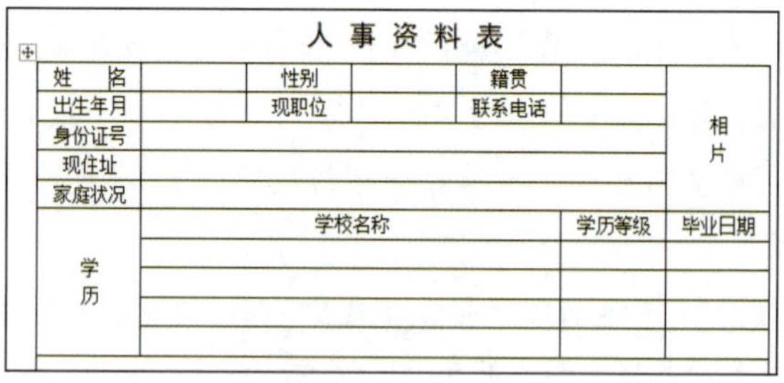

图 5-18 利用空格调整字间距

步骤 7 ▶▶ 将其他单元格中的文字也用同样的方法对齐，如图 5-19 所示。

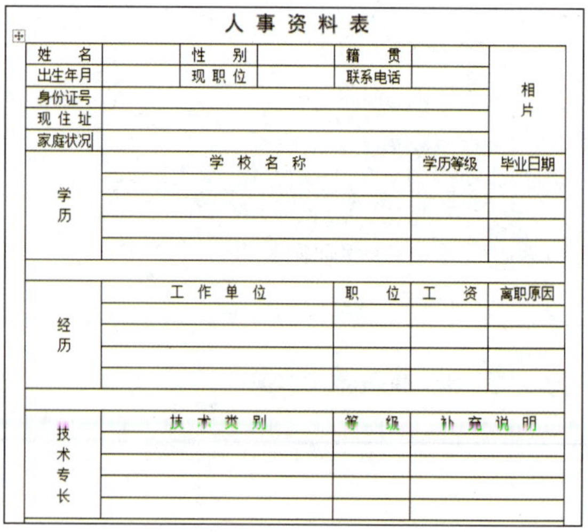

图 5-19 处理表格中文字间距后的效果

步骤 8 ▶ 选定整个表格，切换到功能区中的"设计"选项卡后，单击"边框"组中"边框"按钮的向下箭头，从弹出的菜单中选择"边框和底纹"选项，打开"边框和底纹"对话框。选中"虚框"选项后，在"宽度"下拉列表框中选择"2.25 磅"，单击"确定"按钮，结果如图 5-20 所示。

图 5-20　设置表格的外框

步骤 9 ▶ 选定要添加底纹的单元格，切换到功能区中的"设计"选项卡，单击"表格样式"组中"底纹"按钮的向下箭头，从弹出的颜色菜单中选择所需的颜色。当鼠标指向某种颜色后，可在单元格中立即预览效果。用同样的方法为其他标题添加底纹，最终效果如图 5-21 所示。

图 5-21　设置单元格的底纹

03 实例总结

本实例主要介绍在 Word 2019 中对表格进行处理的操作方法，主要用到所学的以下知识点：

- 快速插入表格；
- 利用合并单元格调整表格的结构；
- 输入并设置表格的文字格式；
- 为表格添加边框和底纹。

第6章 文档的图文混排

Word 不但擅长处理普通文本，还擅长编辑带有图形对象的文档，即图文混排。本章将介绍插入图片、设置图片格式等内容，读者可以使用 Word 设计并制作图文并茂、内容丰富的文档。

6.1 在文档中插入图片

Word 有多种插入图片的方法，如插入联机图片、插入本地计算机中的图片或插入图标等。

01 插入联机图片

Word 2019 提供了联机图片库，其中包括许多精美图片，它们可直接插入文档中。插入联机图片的具体操作如下。

步骤 1 ▶ 打开文档，将插入点置于文档要插入联机图片的位置，切换到功能区中的"插入"选项卡，在"插图"组中单击"联机图片"按钮，弹出"联机图片"窗口，如图 6-1 所示。

图 6-2 插入联机图片

02 插入本地计算机中的图片

在文档中插入计算机中保存的图片很简单，切换到功能区中的"插入"选项卡，在"插图"组中单击"图片"按钮，打开"插入图片"对话框，选择要插入的图片后，单击"插入"按钮，进入图片所在的文件夹即可将图片插入文档，如图 6-3 所示。

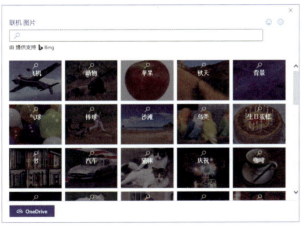

图 6-1 "联机图片"窗口

步骤 2 ▶ 在窗口中单击所需的联机图片类型，即可显示该类型包含的图片。单击要插入的图片后，单击"插入"按钮，即可将图片插入到文档中，如图 6-2 所示。

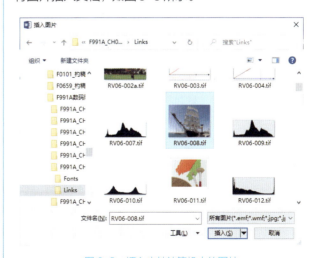

图 6-3 插入本地计算机中的图片

Word/Excel/PPT/PS 就这么高效

图6-3 插入本地计算机中的图片（续）

03 插入图标

图标是Word 2019提供的一些可供直接使用的PNG格式图片，使用起来非常方便。插入图标的具体操作如下。

步骤1 将插入点置于需要插入图标的位置，切换到功能区中的"插入"选项卡，在"插图"组中单击"图标"按钮，出现如图6-4所示的"插入图标"对话框。

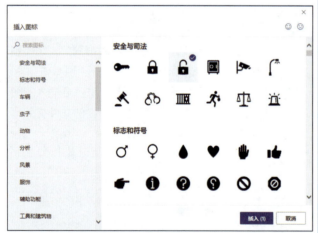

图6-4 "插入图标"对话框

步骤2 左侧列表是对图标的分类，可以在选择相应的分类后，在右侧选择想使用的图标，可以一次性选中多个图标。

步骤3 单击"插入"按钮，即可将图标插入到文档中，如图6-5所示。

> **提示**
>
> Word还提供了形状功能，可以绘制出如线条、多边形、箭头、流程图、星与旗帜等图形。使用这些图形组合可以描述操作流程和设计文字效果，并且图形与文字的组合还可以丰富版面。单击"插入"→"插图"组中的"形状"向下箭头，从下拉菜单中可以选择要绘制的形状，如图6-6所示。

图6-5 在文档中插入图标　　图6-6 可以绘制的形状

6.2 调整图片

在文档中插入图片后，还可以调整图片的大小、裁剪、修整图片等。

01 调整图片的大小和角度

在文档中插入图片后，用户可以通过Word提供的缩放功能控制大小，还可以旋转图片。具体操作步骤如下。

步骤1 单击要缩放的图片，使其周围出现8个句柄。

步骤2 如果要横向或纵向缩放图片，则将鼠标指针指向图片四边的任意一个句柄上；如果要沿对角线方向缩放图片，则将鼠标指针指向图片四角的任何一个句柄上。

步骤 3 ▶▶ 按住鼠标左键，沿缩放方向拖动鼠标，如图 6-7 所示。

步骤 4 ▶▶ 用鼠标拖动图片上方的旋转按钮，可以任意旋转图片。

缩小了的图片

图 6-7　调整图片大小

提示

如果要精确设置图片的大小，则可以在选中图片后，在"格式"选项卡的"大小"组中，在"形状高度"数值框中输入精确值。

02 裁剪图片

有时需要对插入 Word 文档中的图片进行裁剪，在文档中只保留图片中需要的部分。比较以前的版本，Word 2019 的图片裁剪功能更加强大，不仅能够实现常规的图像裁剪，还可以将图像裁剪为不同的形状。

1. 普通裁剪

练习素材：素材\第 6 章\原始文件\普通裁剪.docx。

结果文件：素材\第 6 章\结果文件\普通裁剪.docx。

普通裁剪是指仅对图片的四周进行裁剪。具体操作步骤如下。

步骤 1 ▶▶ 单击选择要裁剪的图片，在"格式"选项卡的"大小"组中单击"裁剪"按钮，此时图片的四周出现黑色的控点。

步骤 2 ▶▶ 将鼠标指向图片上方的控点，指针变成黑色倒立的 T 形状，向下拖动鼠标，即可将图片上方鼠标经过的部分裁剪掉。采用同样的方法，对图片的其他部位进行裁剪。

步骤 3 ▶▶ 将图片裁剪完毕后，单击文档的任意位置，就完成图片的裁剪操作，如图 6-8 所示。

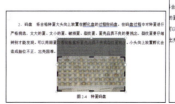
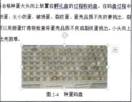

图 6-8　裁剪图片

2. 将图片裁剪为不同形状

在文档中插入图片后，图片会默认设置为矩形。如果要将图片更改为其他形状，则可以让图片与文档配合得更为美观。

步骤 1 ▶▶ 单击选择要裁剪的图片，在"格式"选项卡的"大小"组中单击"裁剪"按钮的向下箭头，在弹出的下拉列表中选择"裁剪为形状"选项，弹出子列表后，单击"基本形状"区内的"平行四边形"图标。

步骤 2 ▶▶ 此时，图像就被裁剪为指定的形状，如图 6-9 所示。

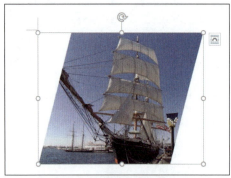

图 6-9　将图片裁剪为不同的形状

03 调整图片色调与光线

当图片过暗或曝光不足时，可以通过调整图片的色彩与光线等参数将其恢复为正常效果。本节将介绍调整图片色调、颜色、饱和度等效果的操作。

1. 调整图片色调

练习素材：素材 \ 第 6 章 \ 原始文件 \ 调整图片色调 .docx。

结果文件：素材 \ 第 6 章 \ 结果文件 \ 调整图片色调 .docx。

步骤 1 ▶▶ 单击要编辑的图片，自动切换到"格式"选项卡中。

步骤 2 ▶▶ 单击"调整"组中的"颜色"按钮，在弹出的下拉列表中选择"色调"区内的一种色调，如图 6-10 所示。

图 6-10　调整图片色调

提 示

不同的色温产生的效果会有所不同，在调整图片色调时，主要是调整图片的色温，色温较低的为冷色调，色温较高的为暖色调。

2. 调整图片亮度和对比度

练习素材：素材 \ 第 6 章 \ 原始文件 \ 调整图片亮度和对比度 .docx。

结果文件：素材 \ 第 6 章 \ 结果文件 \ 调整图片亮

度和对比度 .docx。

插入图片到文档中后，如果感觉图片的色彩效果偏暗或者偏亮等，都可以直接在 Word 中进行快速调整。

步骤 1 ▶▶ 在文档中单击要编辑的图片。

步骤 2 ▶▶ 在"格式"选项卡中单击"调整"组中的"校正"按钮，既可以从"亮度 / 对比度"选区中选择一种预定义的亮度和对比度，也可以选择"图片校正选项"选项。

步骤 3 ▶▶ 弹出如图 6-11 所示的"设置图片格式"任务窗格，拖动"亮度 / 对比度"区内的"亮度"标尺中的滑块，再拖动"对比度"标尺中的滑块，最后单击任务窗格右上角的"关闭"按钮。

图 6-11 "设置图片格式"任务窗格

04 删除图片背景（抠图）

练习素材：素材 \ 第 6 章 \ 原始文件 \ 删除图片背景 .docx。

结果文件：素材 \ 第 6 章 \ 结果文件 \ 删除图片背景 .docx。

删除图片背景能够将图片主体部分周围的背景删除。以前要删除图片背景时需要使用 Photoshop 等专业的图像处理软件，现在利用 Word 2019 就能轻松实现。具体操作步骤如下。

步骤 1 ▶▶ 单击要编辑的图片，在"格式"选项卡中单击"调整"组的"删除背景"按钮。

步骤 2 ▶▶ 此时，进入"背景消除"选项卡，单击"标记要保留的区域"按钮，在图片的周围可以看到一些浅蓝色的控点，拖动控点可以调整删除的背景范围。

步骤 3 ▶▶ 设置好删除背景的区域后，单击"背景消除"选项卡中的"保留更改"按钮，结果如图 6-12 所示。

图 6-12 删除图片背景

> **提示**
>
> 有时图片色彩复杂，在进行背景删除时可能需要多步操作才能完成。首先图片进入删除背景状态时会自动变色一部分，这时利用"背景消除"选项卡中的"标记要保留的区域"按钮及"标记要删除的区域"按钮，然后利用鼠标拖动对图片中的一些特殊区域进行标记，从而进一步修正消除背景的准确性。

05 设置图片样式

Word 2019 中提供了许多图片样式，可以快速应用到图片上。具体操作步骤如下。

步骤 1 ▶▶ 选择要应用图片样式的图片，切换到功能区中的"格式"选项卡，单击"图片样式"列表框的图片样式，可立即在文档中预览该图片样式的效果，如图 6-13 所示。

图 6-13 应用图片样式的效果

步骤 2 ▶▶ 用户还可以单击"图片样式"列表框右侧的"其他"按钮，在弹出的列表中提供了更多的图片样式，如图 6-14 所示。

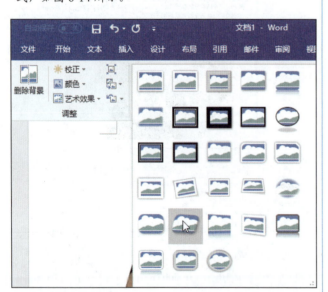

图 6-14 选择其他图片样式

 图片与文档的混排设置

有时，用户需要调整文档中图片与文字的位置关系，即环绕方式。设置图文环绕方式需要先单击图片，Word 2019 会自动在图片旁边弹出"布局选项"按钮。单击此按钮，在弹出的下拉列表中选择一种环绕方式。另外，用户也可以在选定图片后，在"格式"选项卡中单击"排列"组的"环绕文字"按钮，从弹出的下拉列表中选择一种环绕方式。

如图 6-15 所示是选择"四周型环绕"方式，还可以将鼠标移到图片上方，将其拖到文档中的任意位置。

图 6-15 "四周型环绕"方式

 文本框的使用

Word 2019 提供的文本框功能可以使选定的文本或图形移到页面的任意位置，

进一步增强图文混排的功能。使用文本框还可以对文档的局部内容进行竖排、添加底纹等特殊形式的排版。

01 插入文本框

练习素材：素材\第6章\原始文件\插入文本框.docx。

结果文件：素材\第6章\结果文件\插入文本框.docx。

在文档中可以插入横排文本框和竖排文本框，也可以根据需要插入内置的文本框样式。具体操作步骤如下。

步骤1 ▶ 切换到功能区中的"插入"选项卡，在"文本"组中单击"文本框"按钮的向下箭头，从下拉菜单中选择一种文本框样式，可以快速绘制带格式的文本框。

步骤2 ▶ 如果要手工绘制文本框，则从"文本框"下拉菜单中选择"绘制文本框"选项，按住鼠标左键拖动，即可绘制一个文本框。

步骤3 ▶ 当文本框的大小合适后，释放鼠标左键。此时，插入点在文本框中闪烁，可以输入文本或插入图片。

步骤4 ▶ 单击文本框的边框即可将其选定，此时文本框的四周出现8个句柄，按住鼠标左键拖动句柄，可以调整文本框的大小，如图6-16所示。

步骤5 ▶ 将鼠标指针指向文本框的边框，鼠标指针变成四向箭头时，按住鼠标左键拖动，即可调整文本框的位置。

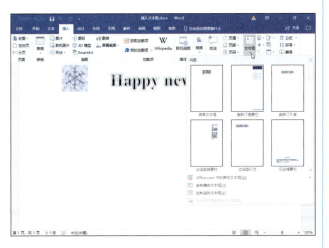

图6-16 插入文本框

图6-16 插入文本框（续）

02 设置文本框的边框

练习素材：素材\第6章\原始文件\设置文本框的边框.docx。

结果文件：素材\第6章\结果文件\设置文本框的边框.docx。

如果需要为文本框设置格式，则可以按照下述步骤进行操作。

步骤1 ▶ 单击文本框的边框将其选定。

步骤2 ▶ 切换到功能区中的"格式"选项卡，单击"形状样式"组中的"形状轮廓"按钮，从弹出的菜单中选择"粗细"选项，再选择所需的线条粗细。

步骤3 ▶ 切换到功能区中的"格式"选项卡，单击"形状样式"组中的"形状轮廓"按钮，在弹出的菜单中选择"虚线"选项，从其子菜单中选择"其他线条"选项，如图6-17所示。

图6-17 选择线型

图6-17 选择线型（续）

置文本框的格式，如设置文本框的填充效果和形状效果等。

步骤 4 弹出"设置形状格式"任务窗格，在"复合类型"下拉列表框中选择一种线型。单击任务窗格右上角的"关闭"按钮，结果如图6-18所示。

图6-18 设置文本框的边框效果

用户还可以利用"格式"选项卡中的相关工具设

6.5 办公实例：制作开业庆典流程图

除了前面介绍的插入图片和文本框功能，Word还提供了很多实用的功能，如插入SmartArt图形等。本节将通过制作一个典型实例——制作开业庆典流程图，来学习使用SmartArt图形的知识，使读者能够真正将所学的内容应用到实际工作中。

01 实例描述

在公司开业时，常通过开业剪彩、鸣炮、礼品赠送、会员卡销售等活动，传播公司开业喜讯，从而扩大社会知名度，需要工作人员提前准备好流程图，使组织工作井然有序。本实例介绍如何在文档中使用SmartArt图形，主要包括以下内容。

➢ 插入流程图；
➢ 添加形状并输入流程图文本。

02 实例操作指南

步骤 1 创建"开业庆典流程图"文档，切换到功能区中的"插入"选项卡，单击"插图"组中的"SmartArt"按钮，打开如图6-19所示的"选择SmartArt图形"对话框。

图6-19 "选择SmartArt图形"对话框

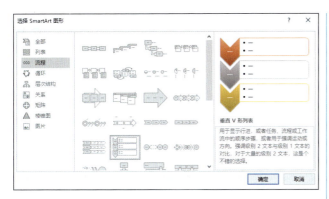

图 6-19 "选择 SmartArt 图形"对话框(续)

步骤 2 ▶ 选择"流程"选项后,在右侧列表框中选择"垂直 V 形列表"选项,单击"确定"按钮,如图 6-20 所示。

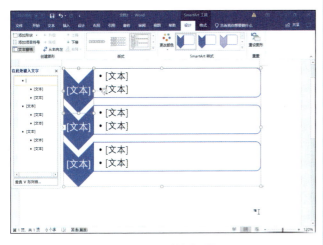

图 6-20 新建的流程图

步骤 3 ▶ 选中图形后,切换到功能区中的"设计"选项卡,单击"创建图形"组中的"添加形状"按钮,根据需要插入多个形状,如图 6-21 所示。

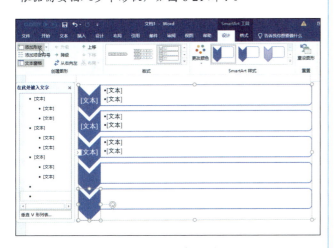

图 6-21 添加多个形状

步骤 4 ▶ 输入数字"1"后,在形状中输入文字。在输入新添加的形状时,可以右击形状,在弹出的快捷菜单中选择"编辑文字"选项后,输入文字,结果如图 6-22 所示。

图 6-22 创建的开业庆典流程图

步骤 5 ▶ 为了使流程图更加美观,还可以利用"设计"选项卡的"SmartArt 样式"快速美化流程图,或者选定形状,利用"格式"选项卡的"形状样式"来更改形状的显示效果。

03 实例总结

本实例介绍了在 Word 2019 中利用 SmartArt 制作流程图的操作方法,主要用到所学的以下知识点:

➤ 插入 SmartArt 图形;
➤ 向 SmartArt 图形中添加形状;
➤ 向形状中添加文字;
➤ 美化 SmartArt 图形。

第 7 章 Word 高效办公

前面已经介绍了样式的使用,用户可以快速格式化文档内容,但是还有很多 Word 自动化功能尚未掌握。本章将介绍 Word 其他自动化功能的操作方法,包括对文档添加批注、修订、邮件合并、创建超链接与制作网页等,最后通过一个综合实例巩固所学的内容。

通过本章的学习,读者能够掌握如下内容。

- ➢ 对文档添加批注与修订,便于多人共同参与文档的修改。
- ➢ 利用邮件合并功能快速给多人发送邮件。
- ➢ 在 Word 文档中插入超链接,以便快速跳转到相应的位置。
- ➢ 将 Word 制作的文档保存为网页,以便发布到网站上。

7.1 对文档进行批注与修订

批注是用户对文档中某个内容提出了一些意见或建议,可以和文档一起保存,在分享文档时审批意见可以让其他人看到。修订是对文档进行修改时,用特殊符号或颜色标记曾经修改过的内容,可以让其他人看到该文档中有哪些内容被修改过。

01 对文档进行批注

练习素材:素材\第7章\原始文件\对文档进行批注.docx。

结果文件:素材\第7章\结果文件\对文档进行批注.docx。

打开电子文档后,审阅者可以利用 Word 的添加批注功能,直接在文档上修改。具体操作步骤如下。

步骤 1 ▶▶ 打开原始文件,选择要设置批注的文本或内容后,切换到功能区的"审阅"选项卡,单击"批注"组中的"新建批注"按钮,选择的文本会显示批注标记,同时还将显示批注与文本之间的连线和批注框,此时批注框中显示了"批注文本"及批注者的缩写,在批注框中输入批注的内容,如图 7-1 所示。

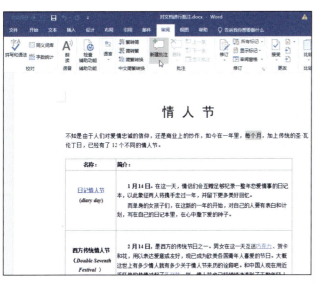

图 7-1 添加第一个批注

图 7-1 添加第一个批注(续)

步骤 2 ▶▶ 按照同样的方法,可以在文档中添加多个批注,并且批注之间的序号按添加顺序自动排列,如图 7-2 所示。要查看文档中添加的批注,可以在"批注"组中单击"上一条"按钮或"下一条"按钮。

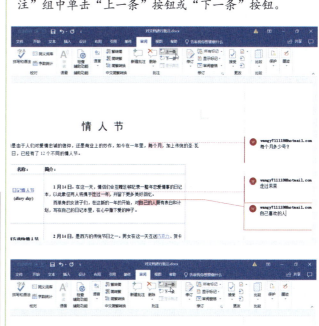

图 7-2 添加多个批注

步骤 3 ▶ 在 Word 2019 中，当作者收到添加批注的文档后，还可以答复批注。单击该批注的"答复"按钮，即可在该批注下添加答复批注，如图 7-3 所示。

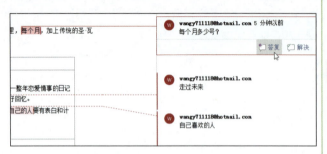

步骤 1 ▶ 打开原始文件后，切换到功能区中的"审阅"选项卡，在"修订"组中，单击"修订"按钮，进入修订状态。

步骤 2 ▶ 按照正常方式对文档内容修改，则会在修改的位置显示修订结果，如图 7-4 所示。

图 7-3 答复批注

步骤 4 ▶ 当审阅者再次打开此文档，发现批注已回复并且不再需要关注时，可以单击此批注后，单击右下角的"解决"按钮。该批注将呈灰色表示已完成的状态。

步骤 5 ▶ 要删除已经添加的批注，可以单击批注框内部后，切换到功能区中的"审阅"选项卡，在"批注"组中单击"删除"按钮。如果要删除所有的批注，则可以单击"删除"按钮的向下箭头，从下拉菜单中选择"删除文档中的所有批注"选项。

02 对文档进行修订

练习素材：素材\第 7 章\原始文件\对文档进行修订.docx。

结果文件：素材\第 7 章\结果文件\对文档进行修订.docx。

除了在文档中插入批注，还可以直接对文档进行修订。具体操作步骤如下。

图 7-4 对文档进行修订

 提示

如果用户要显示详细的修订标记，则可以单击"修订"组中"显示以供审阅"下拉按钮，从下拉菜单中选择"所有标记"选项；如果不想显示修订标记，只需选择"无标记"选项。

步骤 3 ▶ 如果要以批注框的形式显示添加的修订，则可以在"审阅"选项卡中单击"修订"组中的"显示标记"按钮右侧的向下箭头，在弹出的菜单中选择"批注框"选项，再从子菜单中选择"在批注框中显示修订"选项，结果如图 7-5 所示。

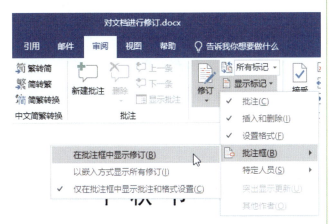

图 7-5　以批注框的形式显示修订

步骤 4 ▶ 如果有多人同时修订文档，则每个参与修订的人都可以用不同的颜色标注。

步骤 5 ▶ 对文档的内容修订结束后，一定要退出修订状态，否则文档中输入任何内容都属于修订操作。只要再次单击"修订"按钮，即可退出修订状态。

技巧

对于文档中的修订，应该在经过确认后采取处理措施，即接受或拒绝修订内容。用户可以单击文档中要进行确认的修订位置后，在"审阅"选项卡的"更改"组中单击"接受"按钮或"拒绝"按钮下方的向下箭头，从弹出的下拉菜单中选择所需的选项即可。

第 7 章　Word 高效办公

 ## 7.2　邮件合并

练习素材：素材\第 7 章\原始文件\邮件合并 .docx、邮件合并 .accdb。

结果文件：素材\第 7 章\结果文件\邮件合并 .docx。

在日常工作中经常需要将相同的信函分发给许多人，逐一抄写长长的地址、收件人姓名等繁琐的重复性简单劳动。使用 Word 的邮件合并功能，就可以将几百份甚至更多邮件迅速处理完毕。通过本节的学习，用户可以掌握如何快速给多人发送邮件与通知等。

邮件合并是将 Word 文档与数据库集成应用的一个示例，可以在 Word 文档中插入数据库的字段，将一份文档变成数百份类似的文档。合并后的文档可以直接打印出来，也可以使用电子邮件寄出。如图 7-6 所示，这是一份应聘通知，希望将这份通知传给多位不同的收件人。每个收件人的姓名、出生地及生日都不相同。这个文档被称为主文档。

图 7-6　邮件合并主文档

收件人的数据源存放在一个 Access 表中，如图 7-7 所示。把数据源合并到主文档中，就能生成主文档的不同版本。

使用邮件合并功能的具体操作步骤如下。

步骤 1 ▶ 首先需要编辑进行邮件合并的主文档，启动 Word 2019，输入"应聘通知"的内容，并且采用艺术字设置标题后，输入正文内容并设置好正文格式。为

065

了使创建的主文档更加美观,可以为文档添加页面边框,切换到功能区中的"设计"选项卡,在"页面背景"组中单击"页面边框"按钮,在出现的"边框和底纹"对话框中单击"页面边框"选项卡后,在"艺术型"下拉列表框中,选择一种艺术型边框,最后将该文档保存。

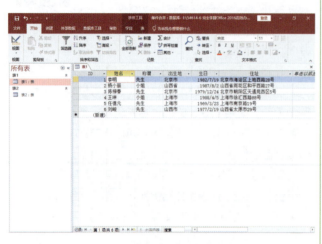

图 7-7　合并时要使用的数据库

步骤 2 ▶ 制作好主文档后,还需要制作数据源文档,可以采用 Word 表格、Excel 表格或 Access 表数据。本例就是利用 Access 2019 新建一个联系表作为数据源文档。

步骤 3 ▶ 切换到功能区中的"邮件"选项卡,单击"开始邮件合并"组内的"开始邮件合并"按钮,从弹出的菜单中选择"信函"选项,如图 7-8 所示。

图 7-8　选择"信函"选项

步骤 4 ▶ 切换到功能区中的"邮件"选项卡,单击"开始邮件合并"组中的"选择收件人"按钮,从弹出的菜单中选择"使用现有列表"选项,如图 7-9 所示。

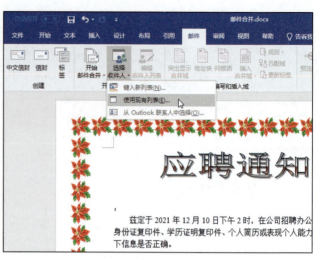

图 7-9　选择"使用现有列表"选项

步骤 5 ▶ 打开如图 7-10 所示的"选取数据源"对话框,选择要打开的数据源,如选择"邮件合并.accdb"后,单击"打开"按钮,打开如图 7-11 所示的"选择表格"对话框,选择要使用的表后,单击"确定"按钮。此时,"编辑收件人列表"按钮变为可用状态。

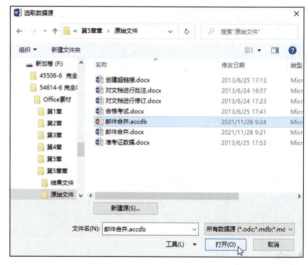

图 7-10　"选取数据源"对话框

图 7-11　"选择表格"对话框

步骤 6 ▶▶ 如果要编辑收件人列表,则可以单击"开始邮件合并"组中的"编辑收件人列表"按钮,出现如图 7-12 所示的"邮件合并收件人"对话框。除了列出每一条记录,还可以让用户使用字段名称筛选。

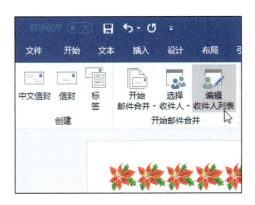

图 7-12 "邮件合并收件人"对话框

步骤 7 ▶▶ 下面以"出生地"为例,说明如何筛选和排序记录。单击"出生地"右侧的向下箭头后,选择"(高级)"选项,如图 7-13 所示。打开"筛选和排序"对话框时,在"筛选记录"选项卡中设置筛选条件,本例的条件表示仅选择出生地在"上海市"或"山西省"的记录。

步骤 8 ▶▶ 如果要排序记录,则单击"筛选和排序"对话框中的"排序记录"选项卡,本例以生日升序的方式排列,如图 7-14 所示。

步骤 9 ▶▶ 单击"确定"按钮,返回到如图 7-15 所示的"邮件合并收件人"对话框,仅显示符合条件的记录。单击"确定"按钮退出数据源的设置。

步骤 10 ▶▶ 将光标移到要插入合并域的位置后,单击"编写和插入域"组中的"插入合并域"按钮,从弹出的菜单中选择要插入的合并域,如图 7-16 所示。继续插入其他域名,结果如图 7-17 所示。

图 7-13 "筛选记录"选项卡

图 7-14 "排序记录"选项卡

图 7-15 筛选及排序后的数据

图 7-15 筛选及排序后的数据（续）

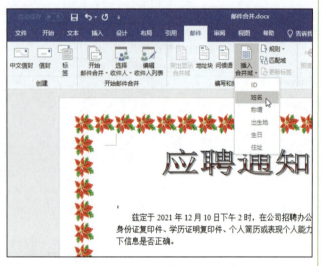

图 7-16 选择要插入的合并域

图 7-17 在文档中插入合并域

步骤 11 ▶ 单击"邮件"选项卡的"预览结果"组中的"预览结果"按钮，即可查看邮件合并的效果，如图 7-18 所示。

图 7-18 预览结果

步骤 12 ▶ 用户可以利用"预览结果"组中的 ◀ ◀ 1 ▶ ▶| 按钮，预览每位收件人的信函内容。

步骤 13 ▶ 换到功能区中的"邮件"选项卡，单击"完成"组中的"完成并合并"按钮后，选择"编辑单个文档"选项，打开如图 7-19 所示的"合并到新文档"对话框，选中"全部"单选按钮。单击"确定"按钮，Word 将在新文档中显示合并后的所有文档。

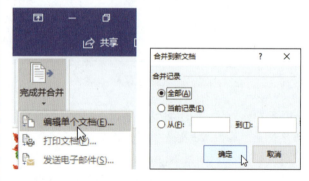

图 7-19 "合并到新文档"对话框

7.3 Word 的网络应用

不少企业使用 Word 编写产品的说明文档，如果企业有网站，那么还可以考虑将文件发布为网页，上传至网站，提供给客户浏览

查阅。

01 在 Word 文档中创建超链接

练习素材：素材\第7章\原始文件\创建超链接.docx。

经常上网的用户对于超链接一定不会陌生，只要单击网页上带下画线的文字或图形，就可以直接跳到链接的内容。在 Word 中可以通过在文档内插入超链接的方式，使用户直接跳转到文档中的其他位置、其他文档或者因特网上的网页中。

在 Word 2019 中创建超链接的具体操作步骤如下。

步骤 1 ▶▶ 选定作为超链接显示的文本或图形对象，切换到功能区的"插入"选项卡，单击"链接"组中的"链接"按钮，在弹出的菜单中选择"插入链接"选项，打开如图 7-20 所示的"插入超链接"对话框。

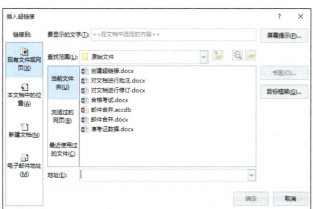

图 7-20 "插入超链接"对话框

步骤 2 ▶▶ 此时，"要显示的文字"文本框中显示的是步骤1中选定的内容（若是文字，则可以直接进行编辑）。在"链接到"选项组中选择超链接的类型。

- 选择"现有文件或网页"图标后，可以在右侧选择此超链接要链接到的文件或网页的地址，并通过"当前文件夹""浏览过的网页"和"最近使用过的文件"按钮，在文件列表中得到需要链接的文件名。
- 选择"本文档中的位置"图标后，右侧就会出现当前文档的各级标题以及书签名，在其中可以选择链接后插入点定位的位置。
- 选择"新建文档"图标。在"新建文档名称"文本框中输入新建文档的名称；单击"更改"按钮，设置新文档所在的文件夹名；再在"何时编辑"选项组中设置是否立即开始编辑新文档。
- 选择"电子邮件地址"图标。在"电子邮件地址"文本框中输入要链接的邮件地址，在"主题"文本框中输入邮件的主题。

步骤 3 ▶▶ 单击"确定"按钮。

要更改超链接显示的内容或者修改超链接的地址，可以使用如下的方法。

- 修改超链接：右击某个超链接，在弹出的快捷菜单中选择"编辑超链接"选项，打开"编辑超链接"对话框，在其中修改超链接的显示内容或者链接到的地址后，单击"确定"按钮即可。
- 清除超链接：右击某个超链接，在弹出的快捷菜单中选择"取消超链接"选项。
- 删除超链接：选定包含超链接的文本或图形后，按 Delete 键。

02 将 Word 文档保存为网页

要将 Word 文档保存为网页，单击"文件"选项卡，在弹出的菜单中选择"另存为"选项，指定保存位置或单击"浏览"按钮打开"另存为"对话框，将"保存类型"设置为"单个文件网页"或"网页"，都可以将当前文档保存为网页格式。

Word/Excel/PPT/PS
就这么高效

技巧

如果选择"网页"类型，那么保存后将生成一个与网页名称相同的文件夹，存放与网页紧密相连的文件与图片。

7.4 办公实例：快速生成"应聘人员测试准考证"

本节将通过制作一个实例——快速生成"应聘人员测试准考证"，来巩固本章所学的知识，使读者能真正将知识应用到实际工作中。

01 实例描述

现有一个软件开发公司想通过计算机上机考试从一大批应聘人员中进行初次筛选，每位人员要打印一张准考证，而应聘人员考试信息表已经制作好，可以利用邮件合并功能快速生成准考证。

02 实例操作指南

练习素材：素材\第7章\原始文件\合格考试 .docx、准考证数据 .docx。

最终结果文件：素材\第7章\结果文件\准考证 .docx。

步骤 1 ▶▶ 编辑要进行邮件合并的主文档，如图7-21所示。

步骤 2 ▶▶ 制作好主文档后，还需要制作数据源文档，本例中包括考号、姓名、性别等，将其分别存放在表格中，如图7-22所示。

步骤 3 ▶▶ 制作好邮件合并主文档与数据源文档后，就可以将数据源文档中的数据添加到文档中了。打开原文件，切换到功能区中的"邮件"选项卡，在"开始邮件合并"组中单击"选择收件人"按钮，在弹出的菜单中选择"使用现有列表"选项，如图7-23所示。

图 7-21 主文档

图 7-22 数据源文档

图 7-23 选择"使用现有列表"选项

步骤 4 ▶▶ 打开"选取数据源"对话框，选择之前制作好的数据源文件，如图7-24所示。

步骤 5 ▶▶ 选择好后，单击"打开"按钮，返回Word窗口。此时，"邮件"选项卡中的大部分选项都变为可用状态。现在需要在主文档中添加相应的域。将插入点置于"考号："的右侧，单击"邮件"选项卡的"编写和插入域"选项组中的"插入合并域"按钮，选择"考

第 7 章　Word 高效办公

号"选项，如图 7-25 所示。

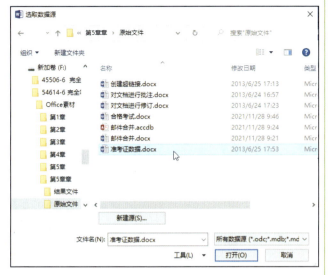

图 7-24　"选取数据源"对话框

步骤 7 ▶▶ 在文档中插入合并的域后，为了确保制作的文档正确无误，在合并前应该先预览结果。单击"邮件"选项卡中的"预览结果"按钮，此时在主文档中合并域的位置显示真正的数据，如图 7-27 所示。

图 7-27　预览合并后的结果

步骤 8 ▶▶ 在"邮件"选项卡"预览结果"选项组中单击相关按钮，可以浏览合并后的结果。如果确认无误，则单击"完成"组中的"完成并合并"按钮后，选择"编辑单个文档"选项，打开"合并到新文档"对话框，选中"全部"单选按钮，如图 7-28 所示。单击"确定"按钮，Word 将在新文档中显示合并后的所有文档。

图 7-28　"合并到新文档"对话框

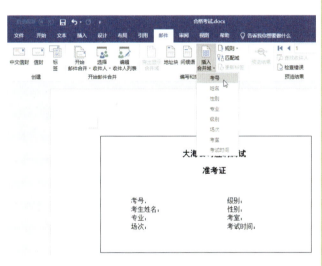

图 7-25　选择合并域

步骤 6 ▶▶ 按照同样的方法，在文档中插入其他的合并域，结果如图 7-26 所示。

图 7-26　在文档中插入合并域

03　实例总结

本实例复习了利用"邮件合并"功能快速制作一批准考证的方法，主要用到本章所学的以下知识点：

➢ 新建邮件合并所需的主文档和数据源；
➢ 在主文档中插入所需的数据域；
➢ 将合并后的文档保存到一个新文档中。

第三部分

一"表"人才：Excel 应用技巧

第8章 08

Excel 基本操作与数据输入

　　Excel 2019 是微软公司的一款功能强大的电子表格处理软件，是许多公司、学校、工厂甚至家庭不可缺少的工具，可以管理账务、制作报表、对数据进行排序与分析，或者将数据转换为更加直观的图表等。本章将介绍 Excel 2019 的基本操作，主要包括 Excel 2019 的窗口、创建新工作簿、打开工作簿、保存工作簿和管理工作表等，让读者能够创建工作簿以及处理工作簿中的工作表，最后通过一个综合实例巩固所学的内容。

　　通过本章的学习，读者能够掌握如下内容。

> 了解 Excel 工作簿的常用操作。
> 对 Excel 的工作表进行各种操作。
> 在工作表中快速输入各种格式的数据。

8.1 初识 Excel 2019

本节将介绍一些关于 Excel 2019 的入门知识，包括 Excel 2019 的文档格式、工作簿、工作表和单元格之间的关系等。

01 工作簿、工作表和单元格

工作簿与工作表之间的关系类似一本书和书中每一页之间的关系。一本书由不同的页组成，各种文字和图片都出现在单页之上。工作簿由工作表组成，所有数据、符号、图片、图表等，都输入到工作表中。

1. 工作簿

工作簿是 Excel 用来处理和存储数据的文件，扩展名为 .xlsx。一个工作簿含有一个或多个工作表。实质上，工作簿是工作表的容器。启动 Excel 2019 选择"空白工作簿"，打开一个名为"工作簿1"的空白工作簿。当然，也可以在保存工作簿时，重新定义一个自己喜欢的名字。

2. 工作表

在 Excel 中，每个工作簿就像一个大的活页头，工作表就像其中一张张的活页纸。工作表是工作簿的重要组成部分，又称为电子表格。用户可以在一个工作簿中管理多个工作表。例如，在一个工作表中存放"一月销售"的销售数据，在另一个工作表中存放"二月销售"的销售数据……这样一年甚至多年的工作表都可以存放在一个工作簿中。

3. 单元格

Excel 作为电子表格软件，数据的操作都在组成表格的单元格中完成。一张工作表由行和列构成，每一列的列标用 A、B、C 等字母表示；每一行的行号用 1、2、3 等数字表示。行与列的交叉处形成一个单元格，它是 Excel 2019 进行工作的基本单位。

提示

在 Excel 中，单元格是根据所在的行和列来命名的，如单元格 D4，就是指位于第 D 列与第 4 行交叉点上的单元格。要表示一个连续的单元格区域，可以用该区域左上角和右下角的单元格表示，中间用冒号分隔，如 C1:F3 表示从单元格 C1 到 F3 的区域。

02 了解 Excel 2019 窗口

启动 Excel 2019 后，首先看到如图 8-1 所示的"开始"界面，其中列出的模板可以快速创建表格。例如，单击"空白工作簿"选项，打开如图 8-2 所示的 Excel 2019 窗口。

图 8-1　Excel 2019"开始"界面

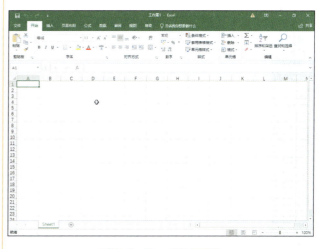

图 8-2　Excel 2019 窗口

8.2 工作簿和工作表的常用操作

由于操作与处理 Excel 数据都是在工作簿和工作表中进行的，因此有必要先了解工作簿和工作表的常用操作，包括新建与保存工作簿、打开与关闭工作簿、设置默认工作簿中的工作表数量、新建工作表、移动和复制工作表、重命名工作表、删除工作表、隐藏工作表等。

01 保存工作簿

为了便于日后查看或编辑工作簿，需要将其保存起来。具体方法有以下几种。

➢ 单击快速访问工具栏上的"保存"按钮，弹出"另存为"窗口，如图 8-3 所示。先选择保存位置，Excel 允许将工作簿保存到 OneDrive 上与朋友共享，或者单击"这台电脑"，然后单击"浏览"按钮，打开"另存为"对话框，在"文件名"文本框中输入要保存的工作簿名称，在"保存类型"下拉列表框中选择工作簿的保存类型，指定要保存的位置后，单击"保存"按钮即可，如图 8-4 所示。

➢ 单击"文件"选项卡，在弹出的菜单中选择"保存"选项或"另存为"选项后，对工作簿进行保存。

图 8-3 "另存为"窗口

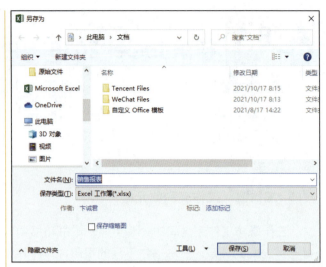

图 8-4 "另存为"对话框

以后要保存已经存在的工作簿，可单击快速访问工具栏上的"保存"按钮，或者单击"文件"选项卡，在弹出的菜单中选择"保存"选项，Excel 不再出现"另存为"对话框，而是直接保存工作簿。

提 示

为了让保存后的工作簿可以用 Excel 2003 以前的版本打开，可以在"另存为"对话框的"保存类型"下拉列表框中选择"Excel 97-2003 工作簿"选项。

02 打开与关闭工作簿

如果要对已经保存的工作簿进行编辑，就必须先打开该工作簿。具体操作步骤如下。

步骤 1 ▶ 单击"文件"选项卡，在弹出的菜单中选择"打开"选项，Excel 2019 会在"打开"窗口中显示最近使用过的工作簿，让用户快速打开最近用过的工作簿。如果要用的工作簿最近没有被打开过，则可以单击"这台电脑"选项后，单击"浏览"按钮，出现"打开"对话框。

步骤 2 ▶ 定位到要打开的工作簿路径下后，选择要打开的工作簿并单击"打开"按钮，即可在 Excel 窗口打开选择的工作簿。

对于暂时不再进行编辑的工作簿，可以将其关闭，释放该工作簿所占用的内存空间。在 Excel 中关闭当前已打开的工作簿有以下几种方法。

第 8 章　Excel 基本操作与数据输入

- 单击"文件"选项卡，在弹出的菜单中选择"关闭"选项。
- 如果不再使用 Excel 编辑工作簿，单击 Excel 2019 窗口标题栏右侧的"关闭"按钮，可以关闭所有打开的工作簿。

提示

关闭工作簿时，如果没有执行保存操作，就会弹出对话框询问"是否保存对工作簿的更改"，单击"是"按钮，保存并关闭当前文档；单击"否"按钮，则将不保存并关闭当前文档；单击"取消"按钮，返回当前文档。

03 插入工作表

除了预先设置工作簿包含的工作表数量，还可以在工作簿中随时根据需要插入新的工作表。有以下几种插入工作表的方法。

- 在工作簿中直接单击下方的工作表标签中的"新工作表"按钮，会插入一个新工作表，如图 8-5 所示。

图 8-5　插入工作表

- 右击下方的工作表标签，在弹出的快捷菜单中选择"插入"选项，在打开的"插入"对话框的"常用"选项卡中选择"工作表"选项后，单击"确定"按钮，即可插入新的工作表，如图 8-6 所示。

图 8-6　利用"插入"对话框插入工作表

图 8-6　利用"插入"对话框插入工作表（续）

- 切换到功能区中的"开始"选项卡，在"单元格"组中单击"插入"按钮的向下箭头，从弹出的下拉菜单中选择"插入工作表"选项。

04 切换工作表

使用新建的工作簿时，最先看到的是 Sheet1 工作表。要切换到其他工作表中，可以选择以下几种方法之一。

- 单击工作表标签，可以快速在工作表之间进行切换。例如，单击 Sheet2 标签，即可切换到第二个工作表，如图 8-7 所示。此时，Sheet2 标签以白底且带下画线显示，表明它为当前活动工作表。

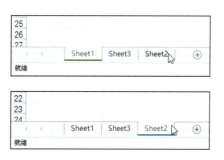

图 8-7　切换工作表

- 通过键盘切换工作表：按 Ctrl+PageUp 组合键，切换到上一个工作表；按 Ctrl+PageDown 组合键，切换到下一个工作表。
- 如果在工作簿中插入了许多工作表，而所需的标签没有显示，则可以通过工作表标签前面的两个标签滚动按钮来滚动标签。
- 右击工作表标签左边的标签滚动按钮，在弹出的对话框中选择要切换的工作表。

05 删除工作表

如果不再需要某个工作表，则可以将该工作表删除，有以下几种方法。

➤ 右击要删除的工作表标签，在弹出的快捷菜单中选择"删除"选项，即可将工作表删除。

单击要删除的工作表标签，在功能区中切换到"开始"选项卡，在"单元格"组中单击"删除"按钮的向下箭头，在弹出的菜单中选择"删除工作表"选项。

提示

如果要删除的工作表中包含数据，会弹出对话框提示"无法撤销删除工作表，并且可能删除一些数据"，单击"删除"按钮即可删除工作表。

06 重命名工作表

对于一个新建的工作簿，其中工作表的名称默认为Sheet1、Sheet2等，从这些名称中不容易知道工作表中存放的内容，使用起来很不方便，可以为工作表取一个有意义的名称。用户可以通过以下几种方法重命名工作表。

➤ 双击要重命名的工作表标签，输入工作表的新名称并按Enter键确认，如图8-8所示。

图8-8 重命名工作表

➤ 右击要重命名的工作表标签，在弹出的快捷菜单中选择"重命名"选项，进入编辑状态，输入工作表的新名称后按Enter键确认。

07 选定多个工作表

如果要在工作簿的多个工作表中输入相同的数据，则可以将这些工作表选定。用户可以利用下述方法之一来选定多个工作表。

➤ 要选定多个相邻的工作表时，单击第一个工作表的标签，按住Shift键，再单击最后一个工作表标签。

➤ 要选定不相邻的工作表时，单击第一个工作表的标签，按住Ctrl键，再分别单击要选定的工作表标签。

➤ 要选定工作簿中的所有工作表时，可右击工作表标签后，在弹出的快捷菜单中选择"选定全部工作表"选项。

➤ 选定多个工作表时，在标题栏的文件名旁边将出现"[工作组]"字样。当向工作组内的一个工作表中输入数据或者进行格式化时，工作组中的其他工作表也出现相同的数据和格式。

提示

如果要取消对工作表的选定，则只需单击任意一个未选定的工作表标签，或者右击工作表标签，在弹出的快捷菜单中选择"取消组合工作表"选项即可。

08 移动和复制工作表

利用工作表的移动和复制功能，可以实现两个工作簿之间或工作簿内工作表的移动和复制。

1. 在工作簿内移动或复制工作表

在同一个工作簿内移动工作表，即改变工作表排列顺序的操作方法很简单。

步骤 1 ➤ 在要移动的工作表标签上按下鼠标左键并拖动。

步骤 2 ➤ 当小三角箭头到达新位置后，释放鼠标左键，如图8-9所示。

图8-9 移动工作表

要在同一个工作簿内复制工作表，可在按住Ctrl键的同时拖动工作表标签，到达新位置时，先释放鼠标左键，再松开Ctrl键，即可复制工作表。复制一个工作表后，在新位置出现一个完全相同的工作表，只是在复制的工作表名称后附上一个带括号的编号，例如，Sheet3的复制工作表名称为Sheet3(2)。

2. 在工作簿之间移动或复制工作表

如果要将一个工作表移动或复制到另一个工作簿中，可以按照下述步骤进行操作。

步骤 1 ▶ 打开用于接收工作表的工作簿和包含要移动或复制工作表的工作簿。

步骤 2 ▶ 右击要移动或复制的工作表标签，在弹出的快捷菜单中选择"移动或复制"选项，出现如图8-10所示的"移动或复制工作表"对话框。

图8-10 "移动或复制工作表"对话框

步骤 3 ▶ 在"工作簿"下拉列表框中选择用于接收工作表的工作簿名。如果选择"（新工作簿）"，则可以将选定的工作表移动或复制到新建的工作簿中。

步骤 4 ▶ 在"下列选定工作表之前"列表框中，选择工作表后，要移动或复制的工作表会位于被选择的工作表之前。要复制工作表，可以选中"建立副本"复选框，否则只是移动工作表。

步骤 5 ▶ 单击"确定"按钮。

8.3 在工作表中输入数据——创建员工工资表

数据是表格中不可缺少的元素之一。在Excel中，常见的数据类型有文本、数字、日期、时间和公式等。本节将介绍在表格中输入数据的方法。

01 输入文本

结果文件：素材\第8章\结果文件\员工工资表.xlsx。

文本是Excel常用的一种数据类型，如表格的标题、行标题与列标题等。文本包含所有字母、中文字符、数字和键盘符号。

输入文本的具体操作步骤如下。

步骤 1 ▶ 选定单元格A1，输入"员工工资表"。输入完毕后，按Enter键，或者单击编辑栏上的 ✓ 按钮。

步骤 2 ▶ 选定单元格A3，输入"编号"。输入完毕后，按Tab键可以选定右侧的单元格为活动单元格；按Enter键可以选定下方的单元格为活动单元格；按方向键可以自由选定其他单元格为活动单元格，如图8-11所示。

图8-11 输入文本

步骤 3 ▶ 重复步骤2的操作，在其他单元格中输入相应的数据，如图8-12所示。

图8-12 在其他单元格中输入数据

步骤 4 ▶ 用户还可以在编辑栏中输入，只需单击要输入文本的单元格后，再单击编辑栏，在光标处输入所需的内容，完成后，按 Enter 键或单击 ✓ 按钮确认即可。

> **提示**
> 用户输入的文本超过单元格宽度时，如果右侧相邻的单元格中没有任何数据，则超出的文本将延伸到右侧单元格中；如果右侧相邻的单元格中已有数据，则超出的文本被隐藏起来，只要增大列宽或以自动换行的方式格式化该单元格后，即可看到全部的内容。

02 输入数字

结果文件：素材\第8章\结果文件\员工工资表.xlsx。

Excel 是处理各种数据最有利的工具，因此，在日常操作中会经常输入大量的数字。如果输入负数，则在数字前加一个负号（-）。

单击准备输入数字的单元格，输入数字后，按 Enter 键即可，如图 8-13 所示。用户可以继续在其他单元格中输入数字。

图 8-13 输入数字

当输入一个较长的数字时，在单元格中显示为科学记数法（2.34E+09），表示该单元格的列宽太小，不能显示整个数字。

当单元格中的数字以科学记数法表示或者填满了"###"符号时，表示该列没有足够的宽度，只需调整列宽即可。

> **提示**
> 为了避免将输入的分数视作日期，应该在分数前加上"0"和空格，如输入"0 1/3"。

03 输入日期和时间

在使用 Excel 进行各种报表的编辑和统计时，经常需要输入日期和时间。输入日期时，一般使用"/"（斜杠）或"-"（减号）分隔日期的年、月、日。年份通常用两位数来表示，如果输入时省略了年份，则 Excel 2019 会以当前的年份作为默认值。输入时间时，可以使用":"号（英文半角状态的冒号）将时、分、秒隔开。

例如，要输入 2021 年 10 月 17 日和 24 小时制的 7 点 28 分，具体操作步骤如下。

步骤 1 ▶ 单击要输入日期的单元格 A1 后，输入"2021-10-17"，按 Tab 键，将光标定位到单元格 B1。此时，单元格 A1 输入的内容变为"2021/10/17"，如图 8-14 所示。此处显示的日期格式，与用户在 Windows 控制面板中的"区域"设置有关，可以设置短日期和长日期的格式。

步骤 2 ▶ 在单元格 B1 中输入"7:28"，按 Enter 键确认输入，如图 8-15 所示。如果要在同一单元格中输入日期和时间，则需要在它们之间用空格分隔。

 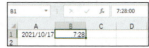

图 8-14 输入日期　　　　图 8-15 输入时间

> **提示**
> 右击准备输入日期的单元格，在弹出的快捷菜单中选择"设置单元格格式"选项，在弹出的"设置单元格格式"对话框中选择"数字"选项卡，在"分类"列表框中选择"日期"选项，选择合适的日期类型，单击"确定"按钮，即可设置输入的日期类型。

8.4 快速输入工作表数据

在输入数据的过程中，经常发现表格中有大量重复的数据，可以将该数据复制到其他单元格中。当需要输入"1，3，5…"这样有规律的数字时，可以使用 Excel 的序列填充功能。当需要输入"春、夏、秋、冬"等文本时，可以使用自定义序列功能。为了提高数据的输入速度，本节将介绍一些有关快速输入数据的技巧，可以提高工作效率。

01 在多个单元格中快速输入相同的数据

用户需要重复输入相同的数据时，除了复制与粘贴，还有一种更快捷的方法。

步骤 1 ▶▶ 按住 Ctrl 键，用鼠标单击要输入数据的单元格。

步骤 2 ▶▶ 选定完毕后，在最后一个单元格中输入文字"开会"。

步骤 3 ▶▶ 按 Ctrl+Enter 组合键，即可在所有选定的单元格中出现相同的文字，如图 8-16 所示。

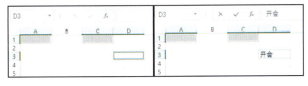

图 8-16 快速输入相同的数据

另一种在相邻单元格中快速输入相同数据的方法如下。

步骤 1 ▶▶ 单击单元格 A1，输入数据"2016"。

步骤 2 ▶▶ 将鼠标移到单元格的右下角，当光标形状变为小黑十字形时，按住鼠标左键向下拖动到单元格 A6，释放鼠标左键即时可在单元格区域 A1:A6 中输入"2016"，如图 8-17 所示。

  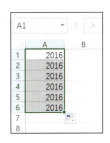

图 8-17 快速输入相同的数据

02 快速输入序列数据

在输入数据的过程中，经常需要输入一系列日期、数字或文本。例如，要在相邻的单元格中填入1、2、3等，或者填入一个日期序列（星期一、星期二、星期三）等，可以利用 Excel 提供的"序列填充"功能来快速输入数据。具体操作步骤如下。

步骤 1 ▶▶ 选定要填充区域的第一个单元格并输入数据序列中的初始值。如果数据序列的步长值不是1，则选定区域中的下一单元格并输入数据序列中的第二个数值，两个数值之间的差决定数据序列的步长值。

步骤 2 ▶▶ 选定上述两个单元格，将鼠标移到单元格区域右下角的填充柄上，当鼠标指针变成＋时，按住鼠标左键在要填充序列的区域上拖动。

步骤 3 ▶▶ 释放鼠标左键时，Excel 将在这个区域完成填充工作，如图 8-18 所示。

 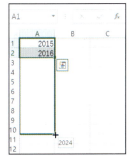

图 8-18 完成填充工作

03 自动填充日期

练习素材：素材\第8章\原始文件\自动填充日期.xlsx。

结果文件：素材\第8章\结果文件\自动填充日期.xlsx。

填充日期时可以选用不同的日期单位，如工作日，则填充的日期将忽略周末或其他国家的法定节假日。

步骤 1 ▶▶ 在单元格 A2 中输入日期"2021-10-14"。

步骤 2 ▶▶ 选择需要填充的单元格区域 A2:A11，同时还要包括起始数据所在的单元格。

步骤 3 ▶▶ 在"开始"选项卡中，单击"编辑"组中的填充按钮，在弹出的下拉菜单中选择"序列"选项，如图 8-19 所示。

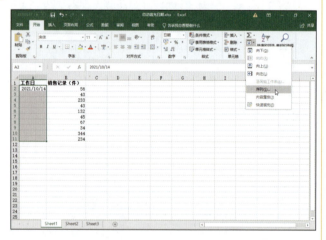

图 8-19 选择"序列"选项

步骤 4 ▶▶ 弹出"序列"对话框，在"类型"选项组中单击"日期"单选按钮，再选中日期单位为"工作日"，设置"步长值"为"1"。

步骤 5 ▶▶ 单击"确定"按钮，返回工作表中，此时在选择的区域可以看到所填充的日期忽略了 10-16 和 10-17 等非工作日，如图 8-20 所示。

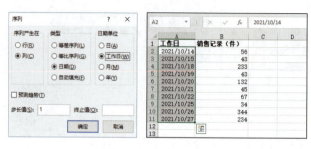

图 8-20 自动填充日期

04 设置自定义序列

自定义序列是根据实际工作需要设置的序列，可以更加快捷地填充固定的序列。下面介绍使用 Excel 自定义序列填充单元格的方法。

步骤 1 ▶▶ 单击"文件"选项卡，在弹出的菜单中选择"选项"选项，打开"Excel 选项"对话框。

选择左侧列表框中的"高级"选项后，单击右侧窗格的"常规"选项组中的"编辑自定义列表"按钮。

步骤 2 ▶▶ 打开"自定义序列"对话框，在"输入序列"文本框中输入自定义的序列项，在每项末尾按 Enter 键进行分隔，单击"添加"按钮，新定义的填充序列出现在"自定义序列"列表框中。

步骤 3 ▶▶ 单击"确定"按钮，返回 Excel 工作表窗口。在单元格中输入自定义序列的第一个数据，通过拖动填充柄的方法进行填充，到达目标位置后，释放鼠标即可完成自定义序列的填充，如图 8-21 所示。

图 8-21 利用自定义序列快速填充数据

第 8 章　Excel 基本操作与数据输入

图 8-21　利用自定义序列快速填充数据（续）

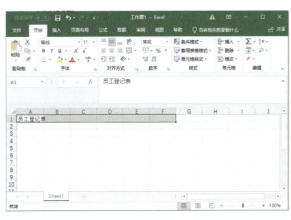

图 8-22　输入标题

步骤 2 ▶ 切换到功能区中的"开始"选项卡，在"对齐方式"组中单击合并后居中按钮后，将标题设置为黑体，字号设置为 20，效果如图 8-23 所示。

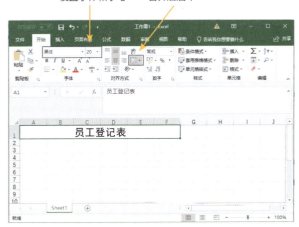

图 8-23　设置标题格式

步骤 3 ▶ 单击单元格 A2 并输入"编号"，按 Tab 键依次在单元格区域 B2:F2 中输入"姓名""性别""年龄""入厂时间""职务"等，如图 8-24 所示。

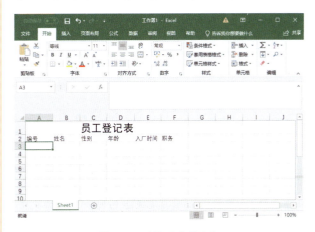

图 8-24　输入表格的表头

8.5　办公实例：制作员工登记表

本节将通过制作具体的办公实例——制作员工登记表，来巩固与拓展在 Excel 中制作表格的方法，使读者将知识快速应用到实际工作中。

01 实例描述

本实例主要涉及以下内容：
- 输入标题并设置标题格式；
- 使用填充功能输入员工编号；
- 使用自定义序列填充员工姓名；
- 使用数据验证功能输入员工性别；
- 快速设置表格的格式。

02 实例操作指南

步骤 1 ▶ 启动 Excel 2019，单击单元格 A1，输入"员工登记表"，按 Enter 键确认输入的内容后，选择单元格区域 A1:F1，如图 8-22 所示。

步骤 4 ▶▶ 单击单元格A3并输入A10001后，将光标指向单元格A3右下角的填充柄，当光标形状变为+时向下拖动至A9，释放鼠标后的结果如图8-25所示。

图8-25 在单元格中快速填充编号

步骤 5 ▶▶ 单击"文件"选项卡，在弹出的菜单中选择"选项"选项，打开"Excel选项"对话框，选择左侧的"高级"选项，在右侧的"常规"选项组中单击"编辑自定义列表"按钮，打开"自定义序列"对话框。在"输入序列"文本框中依次输入员工姓名，每输入一个姓名后按Enter键，如图8-26所示。

图8-26 "自定义序列"对话框

步骤 6 ▶▶ 单击"确定"按钮，返回Excel工作表。在单元格B3中输入刚才自定义序列的第1个姓名后，拖动鼠标至单元格B9，如图8-27所示。

图8-27 利用自定义序列快速填充姓名

步骤 7 ▶▶ 选择单元格区域C3:C9后，切换到功能区中的"数据"选项卡，在"数据工具"组中单击"数据验证"按钮，打开"数据验证"对话框。单击"设置"选项卡，在"允许"下拉列表框中选择"序列"选项后，在"来源"文本框中输入"男,女"，如图8-28所示。

图8-28 "数据验证"对话框

步骤 8 ▶▶ 单击"确定"按钮后，分别为每位员工选择相应的性别，如图8-29所示。

步骤 9 ▶▶ 分别输入年龄、入厂时间和职务，如图8-30所示。

步骤 10 ▶▶ 选择单元格区域A2:F9，切换到功能区中的"开始"选项卡，在"对齐方式"组中单击居中按钮，结果如图8-31所示。

第 8 章 Excel 基本操作与数据输入

图 8-29 选择性别

图 8-31 设置对齐方式

步骤 11 ▶▶ 完成表格的制作后，单击快速访问工具栏中的"保存"按钮，将工作簿保存起来。

03 实例总结

本实例复习了本章中关于 Excel 中数据输入的操作方法和应用技巧，主要用到以下知识点：

➢ 输入文本、日期和数值；
➢ 快速填充数据；
➢ 创建自定义序列；
➢ 使用数据验证；
➢ 快速设置表格的格式。

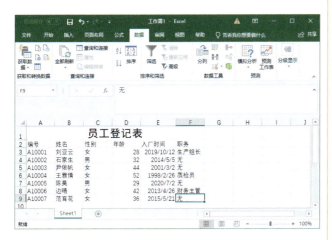

图 8-30 输入其他数据

第9章 工作表的数据编辑与格式设置

在工作表中输入数据后,有时需要对这些数据进行修改,例如,货币格式、日期格式,一般都希望在工作表中体现出来,这时就需要设置数据的格式。本章将介绍在 Excel 中编辑数据与设置格式的方法和技巧,包括编辑 Excel 工作表数据、设置工作表中数据格式以及美化工作表外观等内容,最后通过一个综合实例巩固所学内容。

通过本章的学习,读者能够掌握如下内容。

> 对工作表中的行、列和单元格进行操作。
> 快速编辑 Excel 工作表中的数据。
> 美化工作表的数据格式。

9.1 工作表中的行与列操作

本节将介绍一些工作表行、列操作的基本方法,包括选择行和列,插入、删除、隐藏和显示行和列。

01 选择行与列

选择表格中的行和列是对其进行操作的前提。选择表格行主要分为选择单行、选择连续的多行及选择不连续的多行三种情况。

- 选择单行:将光标移动到要选择行的行号上,当光标变为➡形状时单击,即可选择该行。
- 选择连续的多行:单击要选择的多行中最上面一行的行号,按住鼠标左键并向下拖动至选择区域的最后一行,即可同时选择该区域的所有行。
- 选择不连续的多行:按住 Ctrl 键的同时,分别单击要选择的多个行的行号,即可同时选择这些行。

同样,选择表格中的列也分为选择单列、选择连续的多列及选择不连续的多列三种情况。

- 选择单列:将光标移动到要选择列的列标上,当光标变为⬇形状时单击,即可选择该列。
- 选择连续的多列:单击要选择的多列中最左面一列的列标,按住鼠标左键并向右拖动至选择区域的最后一列,即可同时选择该区域的所有列。
- 选择不连续的多列:按住 Ctrl 键的同时,分别单击要选择的多个列的列标,即可同时选择这些列。

02 插入与删除行和列

练习素材:素材\第9章\原始文件\插入行和列.xlsx。

与在纸上绘制表格的概念不同,Excel 是电子表格软件,允许用户在建立最初的表格后,还能插入单元格、整行或整列,而表格中已有的数据将按照选项自动迁移,以腾出插入的空间。

要插入行,可以选择要插入新行的位置,切换到功能区中的"开始"选项卡,单击"单元格"组中的"插入"按钮右侧的向下箭头,从下拉菜单中选择"插入工作表行"选项,新行会出现在选择行的上方,如图 9-1 所示。

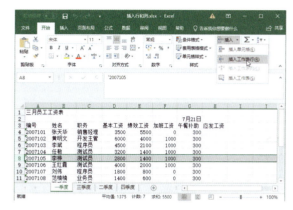

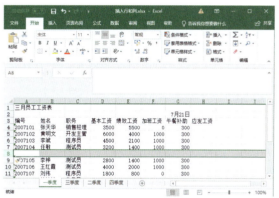

图 9-1 插入新行

要插入列,可以选择该列,切换到功能区中的"开始"选项卡,单击"单元格"组中的"插入"按钮右侧的向下箭头,从下拉菜单中选择"插入工作表列"选项,新列出现在选择列的左侧,如图 9-2 所示。

图 9-2 插入新列

Word/Excel/PPT/PS 就这么高效

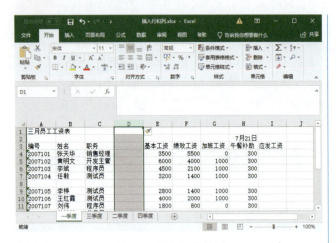

图 9-2 插入新列（续）

提 示

右击要插入行的行号，在弹出的快捷菜单中选择"插入"选项，将在该行的上方插入一个新行；右击要插入列的列标，在弹出的快捷菜单中选择"插入"选项，将在右击列的左侧插入一个新列。

删除行或列时，它们将从工作表中消失，其他的单元格移到删除的位置，以填补留下的空隙。

选择要删除的行，切换到功能区中的"开始"选项卡，单击"单元格"组中的"删除"按钮，从下拉菜单中选择"删除工作表行"选项。选择要删除的列，切换到功能区中的"开始"选项卡，单击"单元格"组中的"删除"按钮，从下拉菜单中选择"删除工作表列"选项。

提 示

右击要删除行的行号，在弹出的快捷菜单中选择"删除"选项，将删除当前选择的行；右击要删除列的列标，在弹出的快捷菜单中选择"删除"选项，将删除当前选择的列。

 **9.2 工作表中的单元格操作**

用户在工作表中输入数据后，经常需 要对单元格进行操作，包括选择、插入和删除单元格等操作。

01 选择单元格

选择单元格是对单元格进行编辑的前提。选择单元格包括选择一个单元格、选择单元格区域和选择全部单元格三种情况。

1. 选择一个单元格

选择一个单元格的方法有以下三种。

➢ 单击要选择的单元格，即可将其选中。这时该单元格的周围出现选择框，表明它是活动单元格。

➢ 在编辑栏名称框中输入单元格引用，例如，输入 C15，按 Enter 键，即可快速选择单元格 C15。

➢ 切换到功能区中的"开始"选项卡，在"编辑"组中单击"查找和选择"按钮，在弹出的菜单中选择"转到"选项，打开"定位"对话框（快捷键为 F5），在"引用位置"文本框中输入单元格引用后，单击"确定"按钮，如图 9-3 所示。

图 9-3 "定位"对话框

2. 选择单元格区域

用户可以同时选择多个单元格，多个单元格又称为单元格区域。选择多个单元格可分为选择连续的多个单元格和选择不连续的多个单元格，具体选择方法如下。

➢ 选择连续的多个单元格：单击要选择单元格区域内的第一个单元格，拖动鼠标至选择区域内的最后一个单元格，释放鼠标左键后即可选择单元格区域，如图9-4所示。

图9-4 选择连续的多个单元格

- 选择不连续的多个单元格：按住Ctrl键的同时单击要选择的单元格，即可选择不连续的多个单元格，如图9-5所示。

图9-5 选择不连续的多个单元格

3. 选择全部单元格

选择工作表中的全部单元格有以下两种方法。

- 单击行号和列标的左上角交叉处的"全选"按钮，即可选择工作表的全部单元格。
- 单击数据区域中的任意一个单元格后，按Ctrl+A组合键，可以选择连续的数据区域；单击数据区域中的空白单元格，按Ctrl+A组合键，可以选择工作表中的全部单元格。

02 插入与删除单元格

练习素材：素材\第9章\原始文件\插入与删除单元格.xlsx。

如果工作表中输入的数据有遗漏或者需要添加新数据，则可以插入单元格。例如，本例中的D9:D14发生数据错位，需要将D9:D14中的数据向下移动一个单元格后，在D9中输入"2300"。具体操作步骤如下。

步骤1 单击单元格D15，按Delete键将其中的数据删除。

步骤2 右击单元格D9，在弹出的快捷菜单中选择"插入"选项，打开"插入"对话框，选中"活动单元格下移"单选按钮。

步骤3 单击"确定"按钮，在光标处插入一个空白单元格，在其中输入"2300"，并按Enter键确认即可，如图9-6所示。

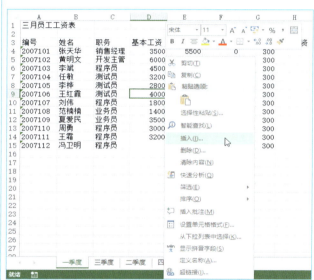

图9-6 插入单元格

对于表格中多余的单元格，可以将其删除。删除单元格不仅可以删除其中的数据，同时还删除单元格本身。右击要删除的单元格，在弹出的快捷菜单中选择"删除"选项，打开如图9-7所示的"删除"对话框。根据需要选择适当的选项即可。

Word/Excel/PPT/PS
就这么高效

> **提示**
> 用户还可以选中要删除的单元格区域,切换到功能区中的"开始"选项卡,在"单元格"组中单击"删除"按钮,在弹出的菜单中选择"删除单元格"选项,在打开的"删除"对话框中选择适当的选项即可。

> **提示**
> 如果合并的单元格中存在数据,则会弹出如图 9-10 所示的提示对话框,单击"确定"按钮,只有左上角单元格的数据保留在合并后的单元格中,其他单元格中的数据将被删除。

图 9-7 "删除"对话框

03 合并与拆分单元格

练习素材:素材\第 9 章\原始文件\合并与拆分单元格.xlsx。

如果用户希望将两个或两个以上的单元格合并为一个单元格,则可以通过合并单元格的操作来完成。

合并单元格的具体操作步骤如下。

步骤 1 ▶ 选择要合并的单元格区域,切换到功能区中的"开始"选项卡,单击"对齐方式"组右下角的对齐设置按钮,打开如图 9-8 所示的"设置单元格格式"对话框。

步骤 2 ▶ 切换到"对齐"选项卡,选中"合并单元格"复选框,单击"确定"按钮。合并后的单元格如图 9-9 所示。

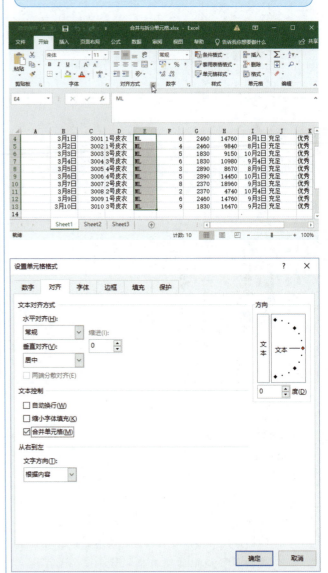

图 9-8 "设置单元格格式"对话框

对于已经合并的单元格,也可以将其拆分为多个单元格。右击要拆分的单元格,在弹出的快捷菜单中选择"设置单元格格式"选项,打开"设置单元格格式"对话框,切换到"对齐"选项卡,取消对"合并单元格"复选框的选择即可。

第 9 章 工作表的数据编辑与格式设置

图 9-9 合并单元格

图 9-10 提示对话框

图 9-11 在单元格中修改数据

➢ 在编辑栏中修改：单击需要修改数据的单元格（该内容会显示在编辑栏中）后，单击编辑栏，对其中的内容进行修改即可，尤其是单元格中的数据较多时，利用编辑栏修改很方便。

在修改过程中，如果出现误操作，则单击快速启动工具栏上的"撤销"按钮来撤销误操作。

02 移动数据

练习素材：素材\第 9 章\原始文件\移动表格数据 .xlsx。

要将某些单元格区域的数据移动到其他位置，可以使用以下两种方法之一。

➢ 选择准备移动的单元格，切换到功能区中的"开始"选项卡，单击"剪贴板"组中的剪切按钮。单击目标单元格，单击"剪贴板"组中的"粘贴"按钮，如图 9-12 所示。

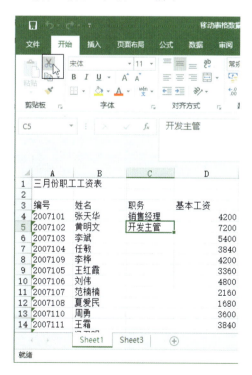

图 9-12 利用剪贴板移动表格数据

9.3 编辑表格数据

本节将介绍一些编辑表格数据的方法，包括修改数据、移动和复制数据、删除数据格式、删除数据内容等。

01 修改数据

练习素材：素材\第 9 章\原始文件\修改数据 .xlsx。

对当前单元格中的数据进行修改时，如果新数据与原数据完全不一样时，可以重新输入；当新数据中只有个别字符与原数据不同时，可以使用两种方法修改单元格中的数据：一种是直接在单元格中修改；另一种是在编辑栏中修改。

➢ 在单元格中修改：双击需要修改数据的单元格，或者选择单元格后按 F2 键，将光标定位到该单元格中，通过按 Backspace 键或 Delete 键可将光标左侧或光标右侧的字符删除，再输入正确的内容后按 Enter 键确认，如图 9-11 所示。

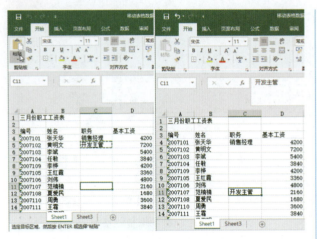

图 9-12 利用剪贴板移动表格数据（续）

> 选择要移动的单元格，将光标指向单元格的外框，当光标形状变为 时，按住鼠标左键向目标位置拖动，到合适的位置后释放鼠标左键即可，如图 9-13 所示。

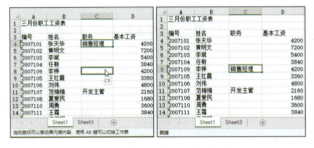

图 9-13 利用拖动法移动表格数据

03 以插入方式移动数据

练习素材：素材\第9章\原始文件\以插入方式移动数据.xlsx。

利用前一节的方法移动单元格数据时，会将目标位置的单元格区域中的内容替换为新的内容。如果不想覆盖单元格区域中已有的数据，只想在已有的单元格区域之间插入新的数据，例如，将编号为 2007109 的一行移到 2007110 一行之前，则以插入方式移动数据。具体操作步骤如下。

步骤 1 选择需要移动的单元格区域，将鼠标指向选择区域的边框上。

步骤 2 按住 Shift 键后，按住鼠标左键拖至新位置，鼠标指针将变成 I 形柱，同时鼠标指针旁边会出现提示，指示被选择区域将插入的位置。

步骤 3 释放鼠标后，原位置的数据将向下移动，如图 9-14 所示。

图 9-14 以插入的方式移动数据

04 复制数据

在编辑表格的过程中，经常需要在不同单元格中输入相同内容，此时可以通过复制的方式输入，节省时间，提高效率。下面介绍几种复制数据的方法。

> 单击要复制的单元格，切换到功能区中的"开始"选项卡，在"剪贴板"组中单击复制按钮。单击目标单元格后，单击"剪贴板"组中的"粘贴"按钮。

> 将光标移动到要复制数据的单元格边框，当光标形状变为 时，同时按住 Ctrl 键与鼠标左键向目标单元格拖动，到合适位置后释放鼠标左键即可。

> 右击准备复制数据的单元格，在弹出的快捷菜单中选择"复制"选项后，右击目标单元格，在弹出的快捷菜单中选择"粘贴"选项，也可以快速复制单元格中的数据。

提示

将数据转置

转置是将数据的行变为列，列变为行。只需选中数据表后，单击"复制"按钮，再选中要粘贴的起始单元格位置，单击"粘贴"下拉按钮，在下拉菜单中选择"转置"按钮即可。

05 删除数据格式

练习素材：素材\第9章\删除单元格数据格式.xlsx。

用户可以删除单元格中的数据格式，但是仍然保留数据内容。单击要删除格式的单元格，切换到功能区中的"开始"选项卡后，在"编辑"组中单击清除按钮，在弹出的菜单中选择"清除格式"选项，即可清除选定单元格中的格式，并恢复到 Excel 的默认格式，如图9-15所示。

图 9-15　删除单元格的格式

06 删除数据内容

删除数据内容是指删除单元格中的数据，单元格中设置数据的格式并没有被删除，如果再次输入数据，仍然以设置的数据格式显示数据，例如单元格的格式为货币型，清除内容后再次输入数据时，数据的格式仍为货币型数据。

单击要删除数据内容的单元格，切换到功能区中的"开始"选项卡后，在"编辑"组中单击清除按钮，在弹出的菜单中选择"清除内容"选项，将删除单元格中的内容。

9.4 设置工作表中的数据格式

为了使制作的表格更加美观，还需要对工作表进行格式化。本节将介绍设置数据格式的各种方法，包括设置字体格式（与 Word 设置方法类似）、设置对齐方式、设置数字格式、设置日期、设置表格的边框、调整列宽与行高、套用表格格式等。

01 设置字体格式

练习素材：素材\第9章\原始文件\设置字体格式.xlsx。

结果文件：素材\第9章\结果文件\设置字体格式.xlsx。

设置字体格式包括对文字的字体、字号、颜色等进行设置。下面将介绍设置字体格式的具体操作方法。

步骤 1 ▶ 选定要设置字体格式的单元格，切换到功能区中的"开始"选项卡，单击"字体"选项组中的"对话框启动器"按钮，打开"设置单元格格式"对话框。

步骤 2 ▶ 设置字体为"隶书"，选择字形为"加粗"，选择字号为24，选择字体颜色为灰色，单击"确定"按钮，结果如图9-16所示。

图 9-16　设置字体格式

水平对齐方式的按钮，如图9-17所示。

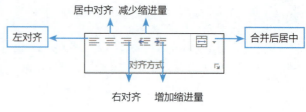

图9-17 设置水平对齐方式的按钮

- 单击"左对齐"按钮，使所选单元格内的数据左对齐。
- 单击"居中对齐"按钮，使所选单元格内的数据居中。
- 单击"右对齐"按钮，使所选单元格内的数据右对齐。
- 单击"减少缩进量"按钮，活动单元格中的数据向左缩进。
- 单击"增加缩进量"按钮，活动单元格中的数据向右缩进。
- 单击"合并后居中"按钮，所选的单元格合并为一个单元格，并将数据居中。

除了可以设置单元格的水平对齐方式外，还可以设置垂直对齐方式及数据在单元格中的旋转角度。设置垂直对齐方式的按钮如图9-18所示。

图9-18 设置垂直对齐方式的按钮

图9-16 设置字体格式（续）

提示

选定准备设置字体的单元格，切换到功能区中的"开始"选项卡，在"字体"组中单击"字体"下拉列表框右侧的向下箭头，选择所需的字体；单击字号下拉列表框右侧的向下箭头，即可设置字号。

02 设置对齐方式

输入数据时，文本靠左对齐，数字、日期和时间靠右对齐。为了使表格看起来更加美观，可以改变单元格中数据的对齐方式，但是不会改变数据的类型。

对齐方式包括水平对齐和垂直对齐两种。其中，水平对齐方式包括左对齐、居中对齐和右对齐等；垂直对齐方式包括顶端对齐、垂直居中、底端对齐。

"开始"选项卡的"对齐方式"中提供了几个设置

提示

如果要详细设置字体对齐方式，则可以在选择单元格后，切换到功能区中的"开始"选项卡，单击"对齐方式"组右下角的对齐设置按钮，打开"设置单元格格式"对话框并选择"对齐"选项卡，可以分别在"水平对齐"和"垂直对齐"下拉列表框中选择所需的对齐方式，如图9-19所示。

第 9 章 工作表的数据编辑与格式设置

数值显示在编辑栏中。

在"开始"选项卡中,"数字"组内提供了几个快速设置数字格式的按钮,如图 9-20 所示。

图 9-20 设置数字格式的按钮

➢ 单击"会计数字格式"按钮,可以在原数字前添加货币符号,并且增加两位小数。

➢ 单击"百分比样式"按钮,将原数字乘以 100,再在数字后加上百分号。

➢ 单击"千位分隔样式"按钮,在数字中加入千位符。

➢ 单击"增加小数位数"按钮,使数字的小数位数增加一位。

➢ 单击"减少小数位数"按钮,使数字的小数位数减少一位。

例如,要为单元格中的数字添加货币符号,可以按照下述步骤进行操作。

步骤 1 选定要设置格式的单元格或区域,切换到功能区中的"开始"选项卡,单击"数字"组中会计数字格式按钮右侧的向下箭头,从下拉列表中选择"中文(中国)"。

步骤 2 此时,选定的数字添加了货币符号,同时增加了两位小数,如图 9-21 所示。

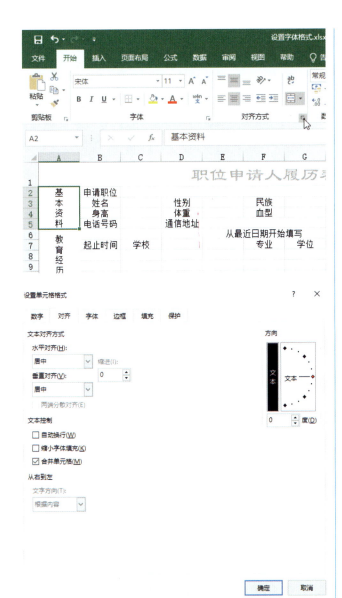

图 9-19 "对齐"选项卡

03 设置数字格式

练习素材:素材\第 9 章\原始文件\快速设置数字格式 .xlsx。

结果文件:素材\第 9 章\结果文件\快速设置数字格式 .xlsx。

在工作表的单元格中输入的数字,通常按照常规格式显示,但是这种格式可能无法满足用户的要求,例如,财务报表中的数据常用货币格式。

Excel 2019 提供了多种数字格式,如常规、数字、货币、特殊、自定义等。通过应用不同的数字格式,可以更改数字的外观,数字格式并不影响实际数值,实际

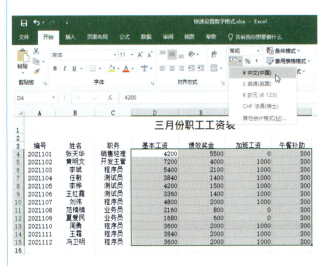

图 9-21 添加货币符号的数字

Word/Excel/PPT/PS
就这么高效

图9-23所示。

提示

右击选定要设置数字格式的单元格区域，在弹出的快捷菜单中选择"设置单元格格式"选项，打开"设置单元格格式"对话框，切换到"数字"选项卡，在"分类"列表框中选择"会计专用"选项，在右侧的"小数位数"文本框中输入小数的位数，如图9-22所示。

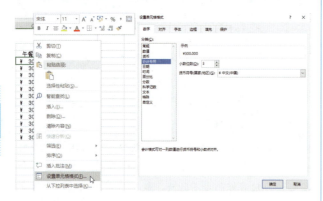

图9-22 "数字"选项卡

04 设置日期

练习素材：素材\第9章\原始文件\设置日期和时间格式.xlsx。

结果文件：素材\第9章\结果文件\设置日期和时间格式.xlsx。

如果要对单元格中日期的格式进行设置，则可以按照下述步骤进行操作。

步骤 1 ▶ 选定要设置数字格式的单元格区域，右击选定的区域，在弹出的快捷菜单中选择"设置单元格格式"选项，打开"设置单元格格式"对话框。

步骤 2 ▶ 切换到"数字"选项卡，在"分类"列表框中选择"日期"选项，在右侧的"类型"列表框中选择"2012年3月14日"选项，单击"确定"按钮，如

图9-23 设置日期格式

提示

用户还可以切换到功能区中的"开始"选项卡，在"数字"组中单击数字格式下拉列表框右侧的向下箭头，从弹出的下拉列表中选择"长日期"选项进行设置。

05 设置表格的边框

练习素材：素材\第9章\原始文件\设置表格的边框.xlsx。

结果文件：素材\第9章\结果文件\设置表格的边框.xlsx。

为了打印有边框线的表格，可以为表格添加不同线型的边框。具体操作步骤如下。

步骤 1 ▶ 选择要设置边框的单元格区域，切换到功能区中的"开始"选项卡，在"字体"组中单击边框按钮，在弹出的菜单中选择"其他边框"选项，打开"设置单元格格式"对话框并切换到"边框"选项卡，如图9-24所示。

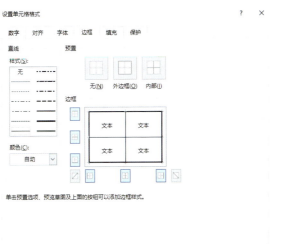

图9-24 "边框"选项卡

步骤 2 ▶ 在该选项卡中可以进行如下设置。

- ➢ "样式"列表框：选择边框的样式，即线条形状。
- ➢ "颜色"下拉列表框：选择边框的颜色。
- ➢ "预置"选项组：单击"无"按钮将清除边框；

单击"外边框"按钮为表格添加外边框；单击"内部"按钮为表格添加内部边框。
- ➢ "边框"选项组：通过单击该选项组中的8个按钮可以自定义表格的边框位置。

步骤 3 ▶ 设置完毕后，单击"确定"按钮，返回Excel工作表窗口即可看到设置效果，如图9-25所示。

图9-25 设置表格边框

步骤 4 ▶ 为了看清添加的边框，可单击"视图"选项卡，撤选"显示"组中的"网格线"复选框，即可隐藏网格线，如图9-26所示。

图9-26 隐藏网格线后的效果

06 调整列宽与行高

新建的工作表中，每列的宽度与每行的高度都相同。如果所在列的宽度不够，而单元格数据过长，则部分数据就不能完全显示出来。这时应该对列宽进行调整，使得单元格数据能够完整显示。

行的高度一般会随着字体的大小变化自动调整，但

是用户也可根据需要调整行高。

1. 使用鼠标调整列宽

如果要利用鼠标拖动来调整列宽，则将光标移到目标列的右边框线上，待光标变为 ✢ 时，拖动鼠标即可改变列宽，如图 9-27 所示。到达目标位置后，释放鼠标左键即可设置该列的列宽。

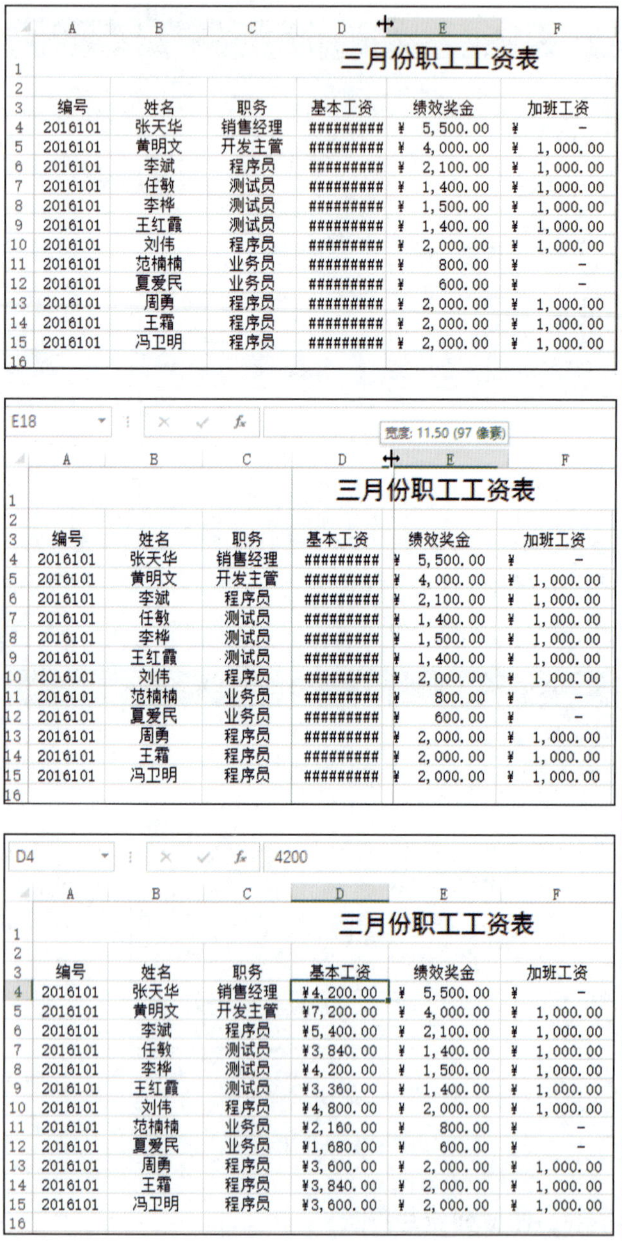

图 9-27 改变列宽

2. 使用鼠标调整行高

如果要利用鼠标拖动来调整行高，则将光标移到目标行的下边框线上，待光标变为 ✥ 时，拖动鼠标即可改变行高，如图 9-28 所示。到达目标位置后，释放鼠标左键即可设置该行的行高。

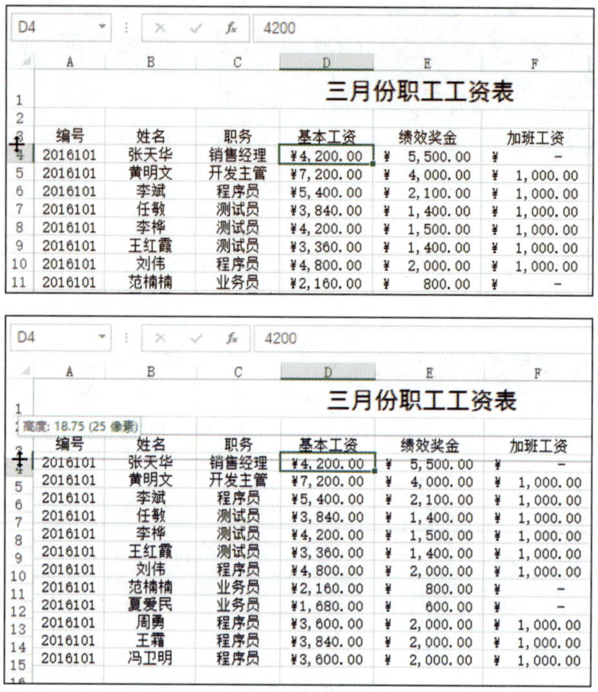

图 9-28 改变行高

3. 使用数值精确设置列宽与行高

选择要调整的列或行，切换到功能区中的"开始"选项卡，单击"单元格"组中"格式"按钮右侧的向下箭头，在弹出的下拉菜单中选择"列宽"（"行高"）选项，打开如图 9-29 所示的"列宽"（"行高"）对话框，在文本框中输入具体的列宽值（行高值）后，单击"确定"按钮。

图 9-29 调整列宽或行高

07 套用表格格式

练习素材：素材\第 9 章\原始文件\套用表格格式 .xlsx。

Excel 2019 中提供了套用表格格式的功能，可以将工作表中的数据套用"表"格式，即可快速美化表格外观，具体操作步骤如下。

步骤 1 ▶▶ 打开原始文件，选择要套用"表"格式的区域后，切换到功能区中的"开始"选项卡，在"样式"组中单击"套用表格格式"按钮,在弹出的菜单中选择一种表格格式。

步骤 2 ▶ 打开"套用表格式"对话框,确认表数据的来源区域是否正确,如图 9-30 所示。如果希望标题出现在套用格式后的表格中,则选中"表包含标题"复选框。

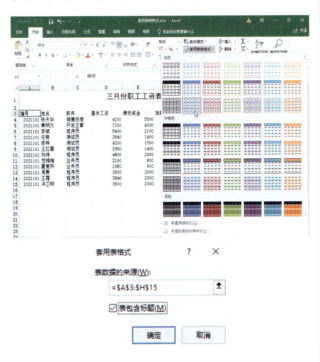

图 9-30 "套用表格式"对话框

步骤 3 ▶ 单击"确定"按钮,即可将"表"格式套用在选择的数据区域中,如图 9-31 所示。

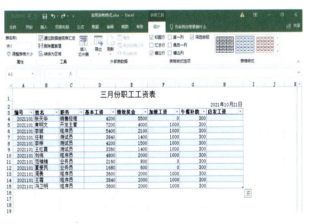

图 9-31 套用"表"格式

提示

如果要将表转换为普通的区域,则单击"设计"选项卡"工具"组中的"转换为区域"按钮,在弹出的提示对话框中单击"是"按钮。

9.5 办公实例——美化员工登记表

本节将通过一个实例——美化员工登记表,来巩固与拓展本章所学的知识,使读者能够真正将知识快速应用到实际工作中。

01 实例描述

本实例是上一章员工登记表的延续,将对员工登记表进行美化,主要涉及以下内容:

➢ 设置表格标题栏的格式;
➢ 设置员工出生日期的格式;
➢ 设置表格的边框和底纹。

02 实例操作指南

练习素材:素材\第9章\原始文件\美化员工登记表.xlsx。

结果文件:素材\第9章\结果文件\美化员工登记表.xlsx。

步骤 1 ▶ 打开文件,选择单元格区域 E3:E10,切换到功能区中的"开始"选项卡,在"数字"组中单击"数字格式"下拉列表,在弹出的菜单中选择"长日期"选项,改变日期格式,如图 9-32 所示。

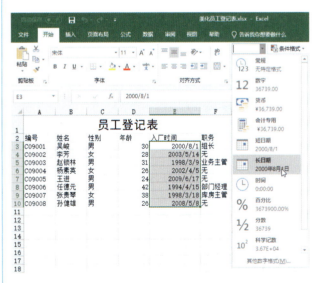

图 9-32 设置入厂时间的格式

步骤 2 ▶ 选择表格的标题栏,设置字体为"楷体",加粗字形,如图 9-33 所示。

图 9-33 设置表格的标题格式

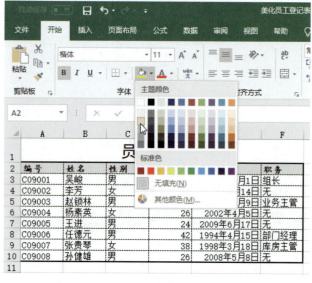

图 9-35 添加表格边框

步骤 3 ▶▶ 选择表格的内容，切换到功能区中的"开始"选项卡，单击"字体"组右下角的字体设置按钮，打开"设置单元格格式"对话框，单击"边框"选项卡，选择线条样式后，单击"外边框"按钮，再次选择线条样式，并单击"内部"按钮，可以分别设置外边框和内边框的样式，如图 9-34 所示。

步骤 5 ▶▶ 选择表格的内容，单击"开始"选项卡"对齐方式"组中的居中按钮，使表格的内容在单元格内居中对齐。

步骤 6 ▶▶ 选择表格的标题后，单击"字体"组中的填充颜色按钮右侧的向下箭头，从下拉菜单中选择一种颜色，如图 9-36 所示。

图 9-34 "边框"选项卡

图 9-36 为表格的标题填充颜色

03 实例总结

本实例复习了本章中表格的数据格式设置、添加表格边框和底纹等内容。

步骤 4 ▶▶ 单击"确定"按钮，即可为表格添加不同的边框，如图 9-35 所示。

第 10 章 表格数据的计算

Excel 具有强大的数据计算能力,而 Excel 的这一功能又得益于公式与函数。在使用公式时,需要引用单元格的数值进行计算,还需要使用相关的函数完成计算。通过本章的学习,读者能够掌握如下内容。

- ➤ 公式的基本概念与输入公式的方法。
- ➤ 单元格的多种引用方式。
- ➤ 常用函数的使用。
- ➤ 为常用的单元格和区域命名。

10.1 使用公式进行数据计算

公式是对单元格中的数据进行分析的等式,以对数据进行加、减、乘、除或比较等计算。公式可以引用同一工作表中的其他单元格、同一工作簿中不同工作表的单元格,或者其他工作簿的工作表中的单元格。

Excel 2019 提供的公式遵循一个特定的语法,即最前面是等号(=),后面是参与计算的元素(运算数)和运算符。运算数可以是不改变的数值(常量)、单元格或单元格区域的引用、标志、名称或函数。

提示

例如,在"=7+8*9"公式中,结果等于 8 乘以 9 再加 7。例如,"=SUM(B3:E10)"是一个简单的求和公式,由函数 SUM、单元格区域引用 B3:E10 以及两个括号运算符"("和")"组成。

01 基本概念

1. 函数

函数是预先编写的公式,可以对一个或多个值执行计算,并返回一个或多个值。函数可以简化工作表中的公式,尤其是用公式执行很长或复杂的计算时,函数十分有用。

2. 参数

公式或函数中用于执行操作或计算的数值被称为参数。函数中使用的常见参数类型有数值、文本、单元格引用、单元格名称、函数返回值等。

3. 常量

常量是不用计算的值。例如,日期 2008-6-16、数字 248 以及文本编号都是常量。如果公式中使用常量,而不使用对单元格的引用,则只有在更改公式时,结果才会更改。

4. 运算符

运算符是指标记或符号,指定表达式内执行的运算类型,如算术、比较、逻辑和引用运算符等。

02 公式中的运算符

在输入的公式中,各个参与计算的数字和单元格引用都由代表各种计算方式的符号连接而成。这些符号被称为运算符。常用的运算符有算术运算符、文本运算符、比较运算符和引用运算符。

1. 算术运算符

算术运算符用来完成基本的数学运算,如加法、减法、乘法、除法等。算术运算符如表 10-1 所示。

表 10-1 算术运算符

算术运算符	功能	示例
+	加	10+5
−	减	10-5
−	负数	-5
*	乘	10*5
/	除	10/5
%	百分号	5%
^	乘方	5^2

2. 文本运算符

在 Excel 中,可以利用文本运算符(&)将文本连接起来。在公式中使用文本运算符时,以"="开始输入文本的第一段(文本或单元格引用)后,加入文本运算符(&)输入下一段(文本或单元格引用)。例如,在单元格 A1 中输入"一季度",在 A2 中输入"销售额",在 C3 单元格中输入"=A1&" 累计 "&A2",结果为"一季度累计销售额"。

3. 比较运算符

比较运算符可以比较两个数值并产生逻辑值 TRUE 或 FALSE。比较运算符如表 10-2 所示。

表 10-2 比较运算符

比较运算符	功能	示例
=	等于	A1=A2
<	小于	A1<A2
>	大于	A1>A2
<>	不等于	A1<>A2
<=	小于等于	A1<=A2
>=	大于等于	A1>=A2

4. 引用运算符

引用运算符主要用于连接或交叉多个单元格区域，从而生成一个新的单元格区域。引用运算符的含义如表10-3所示。

表10-3 引用运算符的含义

引用运算符	含义	示例
：（冒号）	区域运算符，对两个引用之间，包括两个引用在内的所有单元格进行引用	SUM(A1:A5)
，（逗号）	联合运算符，将多个引用合并为一个引用	SUM(A2:A5,C2:C5)
（空格）	交叉运算符，表示几个单元格区域所重叠的单元格	SUM(B2:D3 C1:C4)（这两个单元格区域的共有单元格为C2和C3）

提示

如果公式中包含了相同优先级的运算符，如公式中同时使用加法和减法运算符，则按照从左到右的原则进行计算。要更改求值的顺序，可将公式中要先计算的部分用圆括号括起来。例如，公式"=(8+12)*3"就是先用8加12，再用结果乘以3。

03 输入公式

练习素材：素材\第10章\原始文件\输入公式.xlsx。

结果文件：素材\第10章\结果文件\输入公式.xlsx。

公式以等号"="开头，例如，为了在单元格H4中求出第一位员工的应发工资，可以按照下述步骤输入公式。

步骤 1 ▶ 单击要输入公式的单元格H4。

步骤 2 ▶ 输入等号（=）。

步骤 3 ▶ 输入公式的表达式，例如，输入"D4+E4+F4+G4"。公式中的单元格引用将以不同的颜色区分，在编辑栏中也可以看到输入后的公式。

步骤 4 ▶ 输入完毕后，按Enter键或者单击编辑栏中的"输入"按钮，即可在单元格H4中显示计算结果，在编辑栏中显示当前单元格的公式，如图10-1所示。

提示

输入公式时，可以使用鼠标直接选中参与计算的单元格，从而提高输入公式的效率。选择准备输入公式的单元格（如H4），输入等号"="，单击准备参与计算的第一个单元格（如D4），输入运算符，如"+"，单击准备参与运算的第二个单元格，如E4等。

图10-1 输入公式

04 编辑公式

编辑公式与编辑正文的方法一样。如果要删除公式中的某些项，则在编辑栏中用鼠标选定要删除的部分后，按Backspace键或Delete键。如果要替换公式中的某些部分，则先选定被替换的部分后再修改。

编辑公式时，公式将以彩色方式标识，其颜色与所引用单元格的标识颜色一致，以便于跟踪公式，帮助用户分析公式。

10.2 单元格引用方式

只要在Excel工作表中使用公式，就离不开单元格的引用。引用的作用是标识工作表的单元格或单元格区域，并指明公式中使用的数据位置。通过引用，可以在公式中使用工作表不同部分的数据，或者在多个公式中引用同一单元格的数值，还可以引用相同工作簿中不同工作表的单元格。

01 相对引用单元格

练习素材：素材 \ 第 10 章 \ 原始文件 \ 相对引用单元格 .xlsx。

公式中的相对引用基于单元格的相对位置。如果公式所在的单元格位置改变，则引用也随之改变。在相对引用中，用字母表示单元格的列号，用数字表示单元格的行号，如 A1、B2 等。

例如，希望将单元格 H4 的公式复制到 H5~H15 中，可以按照下述步骤操作。

步骤 1 选定单元格 H4，其中的公式为“=D4+E4+ F4+G4”，可求出“张天华”的应发工资，如图 10-2 所示。

H4　=D4+E4+F4+G4

三月份员工工资表

2021年10月21日

编号	姓名	职务	基本工资	绩效奖金	加班工资	午餐补助	应发工资
2016101	张天华	销售经理	¥ 4,200.00	¥ 5,500.00	¥ -	¥ 300.00	¥ 10,000.00
2016102	黄明文	开发主管	¥ 7,200.00	¥ 4,000.00	¥ 1,000.00	¥ 300.00	
2016103	李斌	程序员	¥ 5,400.00	¥ 2,100.00	¥ 1,000.00	¥ 300.00	
2016104	任敏	测试员	¥ 3,840.00	¥ 1,400.00	¥ 1,000.00	¥ 300.00	
2016105	李桦	测试员	¥ 4,200.00	¥ 1,500.00	¥ 1,000.00	¥ 300.00	
2016106	王红霞	测试员	¥ 3,360.00	¥ 1,400.00	¥ 1,000.00	¥ 300.00	
2016107	刘伟	程序员	¥ 4,800.00	¥ 2,000.00	¥ 1,000.00	¥ 300.00	
2016108	范楠楠	业务员	¥ 2,160.00	¥ 800.00	¥ -	¥ 300.00	
2016109	夏爱民	业务员	¥ 1,680.00	¥ 600.00	¥ -	¥ 300.00	
2016110	周勇	程序员	¥ 3,600.00	¥ 2,000.00	¥ 1,000.00	¥ 300.00	
2016111	王霜	程序员	¥ 3,840.00	¥ 2,000.00	¥ 1,000.00	¥ 300.00	
2016112	冯卫明	程序员	¥ 3,600.00	¥ 2,000.00	¥ 1,000.00	¥ 300.00	

图 10-2　计算“张天华”的应发工资

步骤 2 指向单元格 H4 右下角的填充柄，鼠标指针变为十字形时，按住鼠标左键不放向下拖曳到要复制公式的区域。

步骤 3 释放鼠标后，即可完成复制公式的操作。这些单元格中会显示相应的计算结果，如图 10-3 所示。

三月份员工工资表

2021年10月21日

编号	姓名	职务	基本工资	绩效奖金	加班工资	午餐补助	应发工资
2016101	张天华	销售经理	¥ 4,200.00	¥ 5,500.00	¥ -	¥ 300.00	¥ 10,000.00
2016102	黄明文	开发主管	¥ 7,200.00	¥ 4,000.00	¥ 1,000.00	¥ 300.00	
2016103	李斌	程序员	¥ 5,400.00	¥ 2,100.00	¥ 1,000.00	¥ 300.00	
2016104	任敏	测试员	¥ 3,840.00	¥ 1,400.00	¥ 1,000.00	¥ 300.00	
2016105	李桦	测试员	¥ 4,200.00	¥ 1,500.00	¥ 1,000.00	¥ 300.00	
2016106	王红霞	测试员	¥ 3,360.00	¥ 1,400.00	¥ 1,000.00	¥ 300.00	
2016107	刘伟	程序员	¥ 4,800.00	¥ 2,000.00	¥ 1,000.00	¥ 300.00	
2016108	范楠楠	业务员	¥ 2,160.00	¥ 800.00	¥ -	¥ 300.00	
2016109	夏爱民	业务员	¥ 1,680.00	¥ 600.00	¥ -	¥ 300.00	
2016110	周勇	程序员	¥ 3,600.00	¥ 2,000.00	¥ 1,000.00	¥ 300.00	
2016111	王霜	程序员	¥ 3,840.00	¥ 2,000.00	¥ 1,000.00	¥ 300.00	
2016112	冯卫明	程序员	¥ 3,600.00	¥ 2,000.00	¥ 1,000.00	¥ 300.00	

图 10-3　复制带相对引用的公式

H15　=D15+E15+F15+G15

三月份员工工资表

2021年10月21日

编号	姓名	职务	基本工资	绩效奖金	加班工资	午餐补助	应发工资
2016101	张天华	销售经理	¥ 4,200.00	¥ 5,500.00	¥ -	¥ 300.00	¥ 10,000.00
2016102	黄明文	开发主管	¥ 7,200.00	¥ 4,000.00	¥ 1,000.00	¥ 300.00	¥ 12,500.00
2016103	李斌	程序员	¥ 5,400.00	¥ 2,100.00	¥ 1,000.00	¥ 300.00	¥ 8,800.00
2016104	任敏	测试员	¥ 3,840.00	¥ 1,400.00	¥ 1,000.00	¥ 300.00	¥ 6,540.00
2016105	李桦	测试员	¥ 4,200.00	¥ 1,500.00	¥ 1,000.00	¥ 300.00	¥ 7,000.00
2016106	王红霞	测试员	¥ 3,360.00	¥ 1,400.00	¥ 1,000.00	¥ 300.00	¥ 6,060.00
2016107	刘伟	程序员	¥ 4,800.00	¥ 2,000.00	¥ 1,000.00	¥ 300.00	¥ 8,100.00
2016108	范楠楠	业务员	¥ 2,160.00	¥ 800.00	¥ -	¥ 300.00	¥ 3,260.00
2016109	夏爱民	业务员	¥ 1,680.00	¥ 600.00	¥ -	¥ 300.00	¥ 2,580.00
2016110	周勇	程序员	¥ 3,600.00	¥ 2,000.00	¥ 1,000.00	¥ 300.00	¥ 6,900.00
2016111	王霜	程序员	¥ 3,840.00	¥ 2,000.00	¥ 1,000.00	¥ 300.00	¥ 7,140.00
2016112	冯卫明	程序员	¥ 3,600.00	¥ 2,000.00	¥ 1,000.00	¥ 300.00	¥ 6,900.00

图 10-3　复制带相对引用的公式（续）

02 绝对引用单元格

练习素材：素材 \ 第 10 章 \ 原始文件 \ 绝对引用单元格 .xlsx。

绝对引用指向工作表中固定位置的单元格，它的位置与包含公式的单元格无关。

提 示

在 Excel 中，通过对单元格引用的“冻结”来达到此目的，即在列标和行号前面添加“$”。例如，用 A1 表示绝对引用，当复制含有该引用的单元格时，A1 是不会改变位置的。

例如，希望将单元格 C4 的公式复制到 C5~C15 中，可以按照下述步骤操作。

步骤 1 选定单元格 C4，其中公式为“=B4*D2”，可求出苹果汁应交税额。

步骤 2 为了使单元格 D2 的位置不随复制公式而改变，将单元格 D4 中的公式改为“=B4*D2”。

步骤 3 切换到功能区中的“开始”选项卡，单击“剪贴板”组中的复制按钮。

步骤 4 选定单元格 C5~C15。

步骤 5 切换到功能区中的“开始”选项卡，单击“剪贴板”组中的“粘贴”按钮，结果如图 10-4 所示。

此时，C5 中的公式为“=B5*D2”，C6 中的公式为“=B6*D2”，C7 中的公式为“=B7*D2”。D2 的位置没有因复制而改变。

第 10 章　表格数据的计算

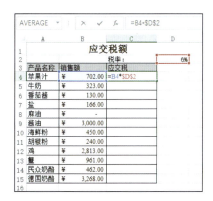

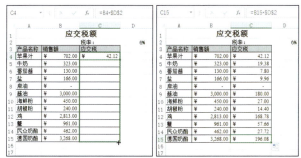

图 10-4　复制带绝对引用的公式

图 10-5　混合引用单元格

03 混合引用单元格

练习素材：素材\第 10 章\原始文件\混合引用单元格 .xlsx。

混合引用是指公式中参数的行采用相对引用，列采用绝对引用，或者行采用绝对引用，列采用相对引用，如 $A1，A$1。公式中相对引用部分随公式复制而变化。绝对引用部分不随公式复制而变化。

例如，要创建一个九九乘法表，可以按照下述步骤操作。

 准备将单元格 B2 的公式复制到其他单元格中。

步骤 2 ▶ 希望第一个乘数的最左列不动（$A）而行随之变动，希望第二个乘数的最上行不动（$1）而列随之变动，因此 B2 的公式应该改为"=$A2*B$1"。

步骤 3 ▶ 选定包含混合引用的单元格 B2，切换到功能区中的"开始"选项卡，在"剪贴板"组中单击复制按钮。

步骤 4 ▶ 选定目标区域 B2:I9，切换到功能区中的"开始"选项卡，在"剪贴板"组中单击"粘贴"按钮，结果如图 10-5 所示。

> **提示**
>
> 如果要引用同一工作簿其他工作表中的单元格，则表达方式为
>
> 　　　　工作表名称！单元格地址
>
> 例如，在工作表 Sheet2 的单元格 B2 中输入公式 "=Sheet1!A2*3"，其中 A2 是指工作表 Sheet1 中的单元格 A2。

 使用自动求和

练习素材：素材\第 10 章\原始文件\使用自动求和 .xlsx。

求和计算是一种最常用的公式计算，可以将诸如 "=D4+D5+D6+D7+D8+D9+D10+ D11+D12+D13+ D14+D15" 这样的复杂公式转变为更简洁的形式 "=SUM(D4:D15)"。

使用自动求和计算的具体操作步骤如下。

步骤 1 ▶ 选定要计算求和结果的单元格 H4。

步骤 2 ▶ 切换到功能区中的"开始"选项卡，在"编辑"组中单击求和按钮右侧的向下箭头，在弹出的菜单中选择"求和"选项，Excel 将自动出现求和函数 SUM 及求和数据区域。

如果 Excel 推荐的数据区域并不是想要的，则输入新的数据区域；如果 Excel 推荐的数据区域正是自己想要的，则按 Enter 键，结果如图 10-6 所示。

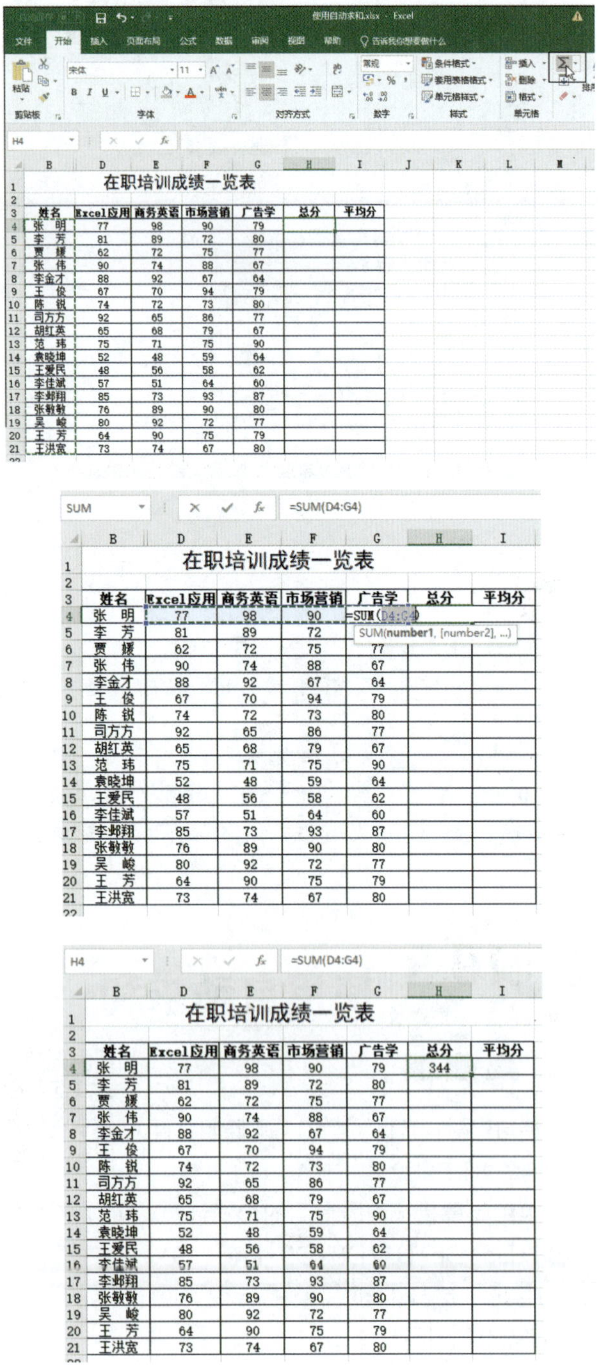

图 10-6 显示求和函数的计算结果

除了利用"自动求和"按钮求出一组的总和，还能够利用 Excel 2019 的"快速分析"功能输入多个求和公式，具体操作步骤如下。

步骤 1 ▶ 选定要求和的单元格区域。

步骤 2 ▶ 此时，在单元格区域的右下角显示"快速分析"按钮，单击此按钮，在弹出的菜单中选择所需的选项卡，本例选择"汇总"选项卡，如图 10-7 所示。

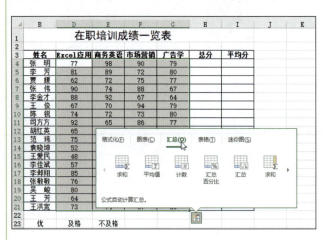

图 10-7 "汇总"选项卡

步骤 3 ▶ 选择一个选项，如选择"在右侧求和"，则在选定区域右侧的空白单元格中填入相应的求和结果，如图 10-8 所示。本例为求出每位员工的总分。

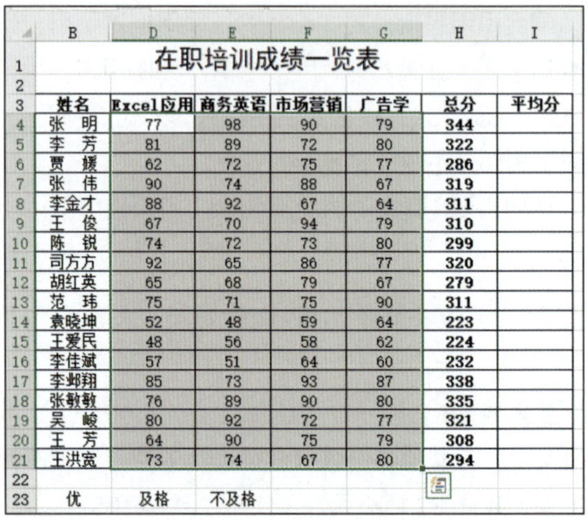

图 10-8 求出每位员工的总分

提示

用户还可以在选定要求和的一列数据的下方单元格或者一行数据的右侧单元格后，单击"开始"选项卡"编辑"组中的"求和"按钮，即可在选定区域下方的空白单元格或右侧的空白单元格中填入相应的求和结果。

10.4 使用函数

函数是按照特定语法进行计算的一种表达式，使用函数进行计算，在简化公式的同时也提高了工作效率。

函数使用特定数值（参数），按照特定顺序（语法）进行计算。例如，SUM 函数对单元格或单元格区域执行相加运算，PMT 函数在给定的利率、贷款期限和本金数额的基础上计算偿还额。

参数可以是数字、文本、逻辑值、数组、错误值或单元格引用。给定的参数必须能够产生有效的值。参数也可以是常量、公式或其他函数。

函数的语法以函数名称开始，后面分别是左圆括号、以逗号隔开的各个参数和右圆括号。如果函数以公式的形式出现，则在函数名称前面键入等号（=）。

01 常用函数的说明

下面介绍几个常用函数。

- 求和函数：一般格式为 SUM（计算区域），功能是求出指定区域中所有数的和。
- 求平均值函数：一般格式为 AVERAGE（计算区域），功能是求出指定区域中所有数的平均值。
- 求个数函数：一般格式为 COUNT（计算区域），功能是求出指定区域中的数据个数。
- 条件函数：一般格式为 IF（条件表达式，值1，值2），功能是当条件表达式为真时，返回值1；当条件表达式为假时，返回值2。
- 求最大值函数：一般格式为 MAX（计算区域），功能是求出指定区域中最大的数。
- 求最小值函数：一般格式为 MIN（计算区域），功能是求出指定区域中最小的数。
- 求四舍五入值函数：一般格式为 ROUND（单元格，保留小数位数），功能是对该单元格中的数按要求保留位数，进行四舍五入。
- 还贷款额函数：一般格式为 PMT（月利率，偿还期限，贷款总额），功能是根据给定的参数，求出每月的还款额。
- 排位：一般格式为 RANK（查找值，参照的区域），功能是返回一个数字在数字列表中的排位。

02 使用函数向导输入函数

练习素材：素材\第10章\原始文件\使用函数向导输入函数.xlsx。

结果文件：素材\第10章\结果文件\使用函数向导输入函数.xlsx。

Excel 2019 提供了几百个函数，想熟练掌握所有的函数难度很大，可以使用函数向导输入函数。例如，要求出每位员工的平均分，可以按照下述步骤操作。

步骤 1 选定要插入函数的单元格，单击编辑栏上的插入函数按钮，打开如图 10-9 所示的"插入函数"对话框。

图 10-9 "插入函数"对话框

步骤 2 ▶ 在"或选择类别"下拉列表框中选择要插入的函数类型后,从"选择函数"列表框中选择要使用的函数。单击"确定"按钮,打开如图 10-10 所示的"函数参数"对话框。

图 10-10 "函数参数"对话框

步骤 3 ▶ 在参数框中输入数值、单元格引用或区域。在 Excel 2019 中,所有要求用户输入单元格引用的文本框都可以使用这样的方法输入,首先用鼠标单击文本框,然后使用鼠标选定要引用的单元格区域(选定单元格区域时,对话框会自动缩小)。如果对话框挡住了要选定的单元格,则单击文本框右边的缩小按钮将对话框缩小,如图 10-11 所示。选择结束时,再次单击该按钮恢复对话框。

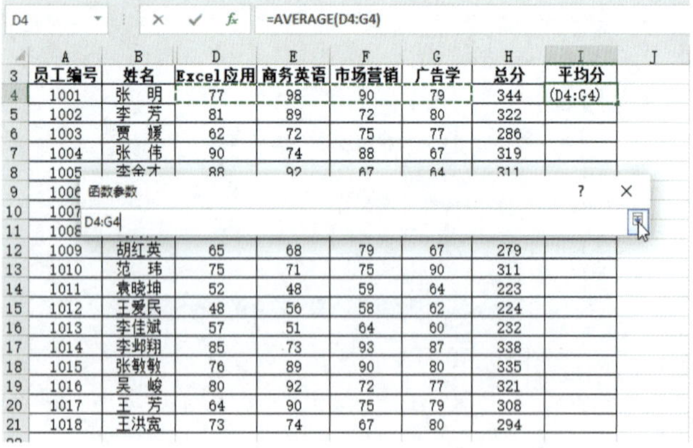

图 10-11 缩小对话框

步骤 4 ▶ 单击"确定"按钮,在单元格中显示公式的结果。拖动该单元格右下角的填充柄,可以求出其他员工的平均分,如图 10-12 所示。

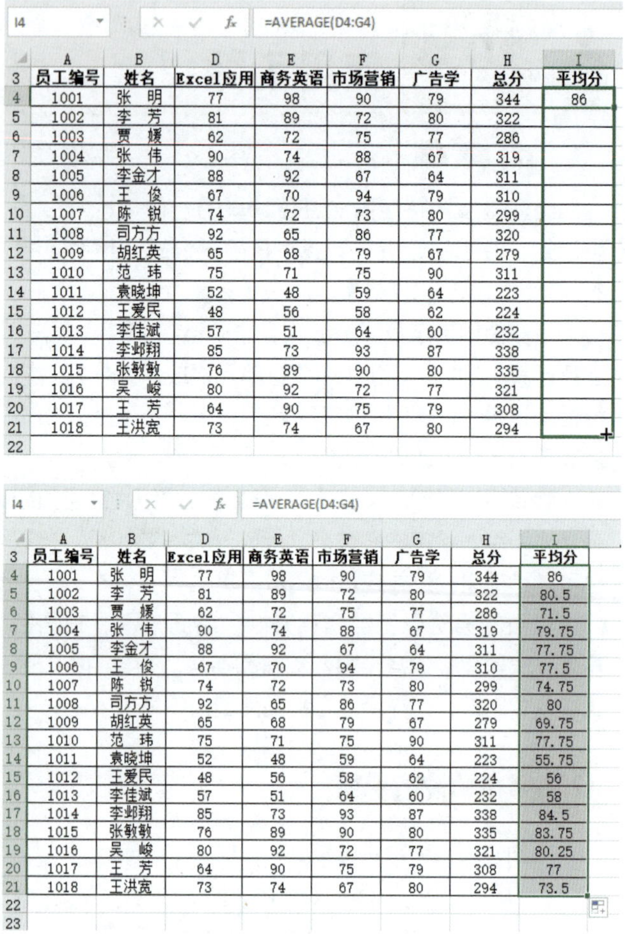

图 10-12 求出每位员工的平均分

如果小数位数太多,则可以切换到功能区中的"开始"选项卡,在"数字"组中单击"减少小数位数"按钮。

03 手动输入函数

练习素材:素材\第 10 章\原始文件\手动输入函数.xlsx。

结果文件:素材\第 10 章\结果文件\手动输入函数.xlsx。

如果用户对某些常用的函数及其语法比较熟悉,则可以直接在单元格中输入公式,具体操作步骤如下。

步骤 1 ▶ 选定要输入函数的单元格,输入等号(=)。

步骤 2 ▶ 输入函数名的第一个字母时,Excel 会自动列出以该字母开头的函数名,如图 10-13 所示。

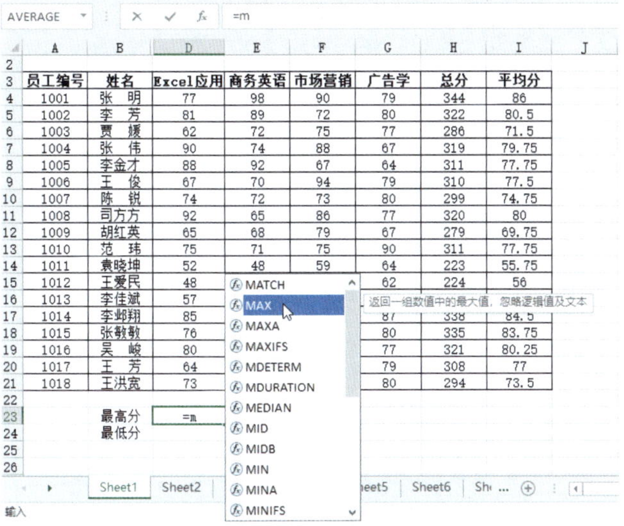

第 10 章 表格数据的计算

图 10-13 自动函数名

步骤 3 ▶▶ 按 Tab 键选择所需的函数名，如 MAX，并在其右侧自动输入一个"("。Excel 会出现一个带有语法和参数的提示工具，如图 10-14 所示。

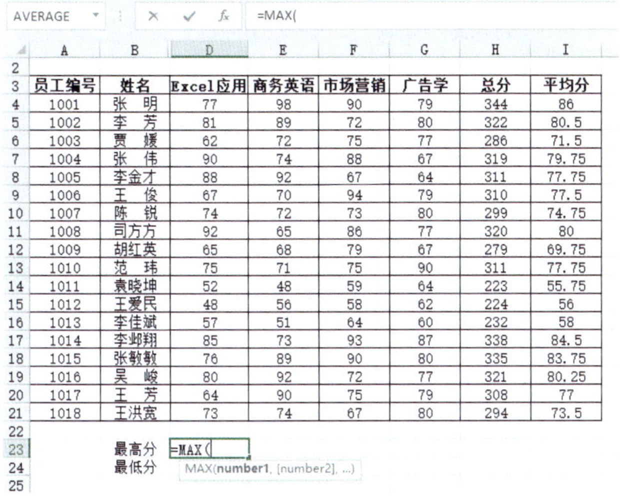

图 10-14 提示函数的语法和参数

步骤 4 ▶▶ 选定要引用的单元格或区域，输入右括号后，按"Enter"键，Excel 将在函数所在的单元格中显示公式的结果。

提示

如果要求出"Excel 应用"成绩的最低分，则使用 MIN 函数。

10.5 办公实例：统计员工在职培训成绩

本节将通过制作一个实例——统计员工在职培训成绩，从而巩固本章所学的知识，并应用到实际工作中。

01 实例描述

本实例将通过"平均分"求出相应的等级，即">=80"时为"优"，">=70"并"<80"时为"良"，">=60"并"<70"时为"及格"，"<60"时为"不及格"，需要使用函数 IF。为了计算员工的总人数，利用 COUNT 函数计算出指定单元格区域内包括的数值型数据的个数。

主要包括以下内容：

➤ 使用 IF 函数求出考试成绩等级；
➤ 使用 COUNT 求出总人数和相应等级的人数。

02 实例操作指南

练习素材：第 10 章 \ 原始文件 \ 在职培训成绩一览表 .xlsx。

结果文件：第 10 章 \ 结果文件 \ 在职培训成绩一览表 .xlsx。

步骤 1 ▶▶ 打开文件，单击要计算等级的单元格 J4。

步骤 2 ▶▶ 输入公式"=IF(I4>=80," 优 ",IF(I4>=70," 良 ",IF(I4>=60," 及格 ",IF(I4<60," 不及格 "))))"，如图 10-15 所示。

步骤 3 ▶▶ 按回车键。拖动该单元格右下角的填充柄，分别计算出其他员工的成绩等级，如图 10-16 所示。

步骤 4 ▶▶ 选定单元格 A24，单击"公式"选项卡"函数库"中的"其他函数"按钮，选择"统计"→"COUNT"选项，出现"函数参数"对话框，选择要计算的单元格区域，如图 10-17 所示，单击"确定"按钮。

107

图 10-15　输入 IF 函数

图 10-16　利用复制公式的方式计算其他员工的成绩等级

图 10-17　"函数参数"对话框

图 10-17　"函数参数"对话框（续）

步骤 5 为了计算"等级"成绩为"优"的人数，可以利用 COUNTIF 函数。先单击单元格 B24，再单击"公式"选项卡的"函数库"中的"其他函数"按钮，选择"统计"→"COUNTIF"选项，出现如图 10-18 所示的"函数参数"对话框，在"Range"文本框中输入单元格区域"J4:J21"，在"Criteria"文本框中输入"优"，单击"确定"按钮。

步骤 6 为了计算"等级"成绩为"良"的人数，可以在单元格 C24 中直接输入公式"=COUNTIF(J4:J21,"良")"。

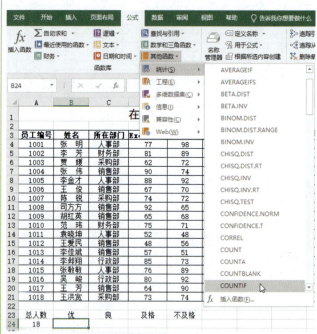

图 10-18　"函数参数"对话框

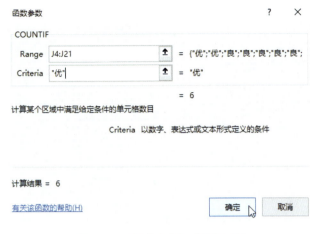

图 10-18　“函数参数”对话框（续）

步骤 7 为了计算“等级”成绩为“及格”的人数，可以在单元格 D24 中直接输入公式“=COUNTIF(J4:J21, " 及格 ")”。

步骤 8 为了计算“等级”成绩为“不及格”的人数，可以在单元格 E24 中直接输入公式“=COUNTIF(J4:J21, " 不及格 ")”，最后结果如图 10-19 所示。

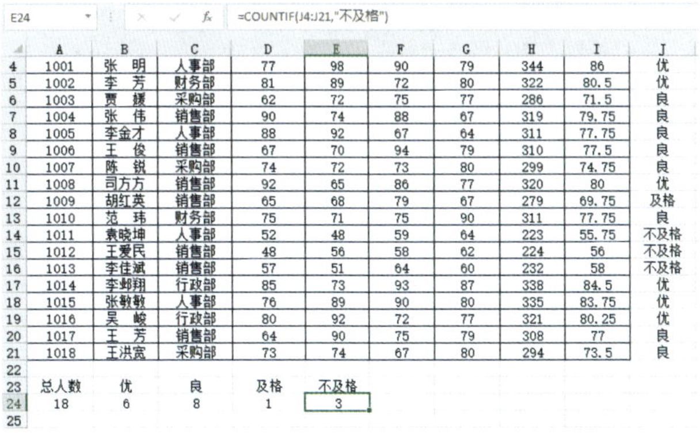
E24　=COUNTIF(J4:J21,"不及格")

	A	B	C	D	E	F	G	H	I	J
4	1001	张　明	人事部	77	98	90	79	344	86	优
5	1002	李　芳	财务部	81	89	72	80	322	80.5	优
6	1003	贾　媛	采购部	62	72	75	77	286	71.5	良
7	1004	张　伟	销售部	90	74	88	67	319	79.75	良
8	1005	李金才	人事部	88	92	67	64	311	77.75	良
9	1006	王　俊	销售部	67	70	94	79	310	77.5	良
10	1007	陈　锐	采购部	74	72	73	80	299	74.75	良
11	1008	司方方	销售部	92	65	86	77	320	80	优
12	1009	胡红英	销售部	65	68	79	67	279	69.75	及格
13	1010	范　玮	财务部	75	71	75	90	311	77.75	良
14	1011	袁晓坤	人事部	52	48	59	64	223	55.75	不及格
15	1012	王爱民	销售部	48	56	58	62	224	56	不及格
16	1013	李佳斌	销售部	57	51	64	60	232	58	不及格
17	1014	李邮翔	行政部	85	73	93	87	338	84.5	优
18	1015	张敏敏	人事部	76	89	90	80	335	83.75	优
19	1016	吴　峻	行政部	80	92	72	77	321	80.25	优
20	1017	王　芳	销售部	64	90	75	79	308	77	良
21	1018	王洪宽	采购部	73	74	67	80	294	73.5	良
22										
23	总人数	优	良	及格	不及格					
24	18	6	8	1	3					
25										

图 10-19　计算总人数和相应等级的人数

03 实例总结

本实例复习了本章中所讲的关于单元格引用、公式与函数的使用、嵌套函数的使用和操作，主要用到所学的以下知识点：

- 了解单元格的引用方式；
- 输入公式；
- 复制公式。

第11章 表格数据的分析与管理

在包含成千上万条数据信息的表格中,如何快速查找、筛选出所需信息,对特定数据进行比较、汇总等,也是使用 Excel 的一大难点。本章将介绍数据排序、数据筛选、数据分类汇总等方面的内容,最后通过一个综合实例巩固所学的内容。

通过本章的学习,读者能够掌握如下内容。

- ➢ 将数据按照一定的规律排序。
- ➢ 利用自动筛选功能查找符合条件的数据。
- ➢ 利用高级筛选功能指定更复杂的筛选条件。
- ➢ 利用分类汇总功能获取想要的统计数据。

11.1 数据排序

数据排序可以使工作表中的数据记录按照规定的顺序排列，从而使工作表条理、清晰。

01 按列简单排序

练习素材：素材\第11章\原始文件\按列简单排序.xlsx。

结果文件：素材\第11章\结果文件\按列简单排序.xlsx。

按列简单排序是指在选定的数据中将第一列数据作为排序关键字进行排序的方法。按列简单排序可以使数据结构更加清晰，便于查找。下面以"学生成绩表"按"总分"升序排序为例，按列简单排序的操作步骤如下。

步骤 1 ▶▶ 单击工作表 F 列中任意一个单元格。

步骤 2 ▶▶ 切换到功能区中的"数据"选项卡，在"排序和筛选"组中单击"升序"按钮，所有数据将按总分由高到低进行排列，如图 11-1 所示。

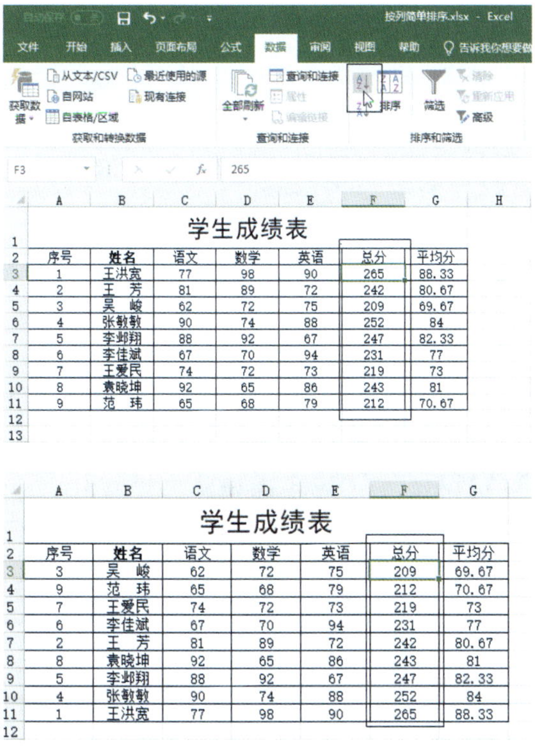

图 11-1 按列升序排列

02 按行简单排序

练习素材：素材\第11章\原始文件\按行简单排序.xlsx。

结果文件：素材\第11章\结果文件\按行简单排序.xlsx。

按行简单排序是指在选定的数据中将其中的一行作为排序关键字进行排序的方法。按行简单排序可以快速直观地显示数据并更好地理解数据。按行简单排序的具体操作步骤如下。

步骤 1 ▶▶ 打开要进行按行排序的工作表，单击数据区域中的任意一个单元格后，切换到功能区中的"数据"选项卡，在"排序和筛选"组中单击"排序"按钮，打开"排序"对话框。

步骤 2 ▶▶ 单击"选项"按钮，弹出"排序选项"对话框，在"方向"选项组内选中"按行排序"单选按钮，单击"确定"按钮。

步骤 3 ▶▶ 返回"排序"对话框，单击"主要关键字"列表框右侧的向下箭头，在弹出的下拉列表中选择作为排序关键字的选项，如"行3"。在"次序"列表框中选择"升序"或"降序"选项后，单击"确定"按钮，如图 11-2 所示。

图 11-2 按行排序

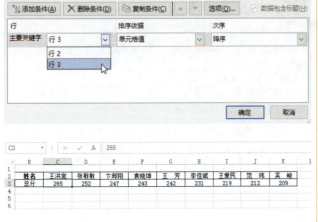

图 11-2 按行排序（续）

03 按多个条件排序

练习素材：素材\第 11 章\原始文件\按多个条件排序 .xlsx。

结果文件：素材\第 11 章\结果文件\按多个条件排序 .xlsx。

按多个条件排序是指将选定的数据区域按照两个或两个以上的排序关键字进行按行或按列排序的方法。按多个条件排序有助于快速直观地显示数据并更好地理解数据。下面将"学生成绩表"的按"总分"降序排列，总分相同的按"语文"降序排序为例，按多关键字排序的方法进行操作。

步骤 1 单击数据区域中的任意一个单元格后，切换到功能区中的"数据"选项卡，在"排序和筛选"组中单击"排序"按钮。

步骤 2 打开"排序"对话框，在"主要关键字"下拉列表框中选择排序的首要条件，如"总分"，并将"排序依据"设置为"单元格值"，将"次序"设置为"降序"。

步骤 3 单击"添加条件"按钮，在"排序"对话框中添加次要条件，将"次要关键字"设置为"语文"，并将"排序依据"设置为"单元格值"，将"次序"设置为"降序"。

步骤 4 设置完毕后，单击"确定"按钮，即可看到按"总分"降序排列，总分相同时再按"语文"降序排列，如图 11-3 所示。

> **提 示**
>
> 在"排序"对话框中，继续单击"添加条件"按钮，可以设置更多的排序条件；单击"删除条件"按钮可以删除选择的条件，单击 ▲ 按钮或 ▼ 按钮可以调整条件之间的位置关系。

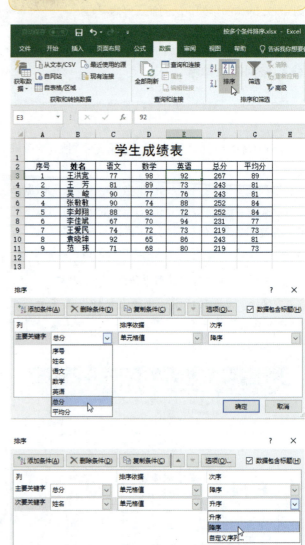

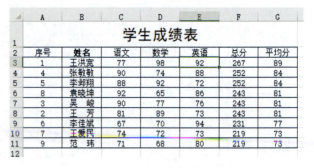

图 11-3 按多个条件排序

11.2 数据筛选

数据筛选是指隐藏不准备显示的数据行，显示指定条件的数据行的过程。使用数据筛选可以快速显示选定数据行的数据，从而提高工作效率。

01 自动筛选

练习素材：素材\第 11 章\原始文件\自动筛选 .xlsx。

结果文件：素材\第 11 章\结果文件\自动筛选 .xlsx。

自动筛选是指按单一条件进行的数据筛选，从而显示符合条件的数据行。例如，将筛选出类别为"调味品"的销售数据。具体操作步骤如下。

步骤 1 ▶ 单击数据区域的任意一个单元格，切换到功能区中的"数据"选项卡，在"排序和筛选"组中单击"筛选"按钮，在表格中的每个标题右侧将显示一个向下箭头。

步骤 2 ▶ 单击"类别"右侧的向下箭头，在弹出的下拉菜单中，要想仅选择"日用品"，可以撤选"全选"复选框后，选择"日用品"复选框。

步骤 3 ▶ 单击"确定"按钮，即可显示符合条件的数据，如图 11-4 所示。

图 11-4 显示符合条件的数据

图 11-4 显示符合条件的数据（续）

> **提示**
> 如果要取消对某一列进行的筛选，则可以单击该列旁边的向下箭头，从下拉菜单中选中"全选"复选框后，单击"确定"按钮。
> 如果要退出自动筛选，则可以再次单击"数据"选项卡的"排序和筛选"组中的"筛选"按钮。

02 自定义筛选

练习素材：素材\第 11 章\原始文件\自定义筛选 .xlsx。

结果文件：素材\第 11 章\结果文件\自定义筛选 .xlsx。

使用自动筛选时，对于某些特殊的条件，可以使用自定义筛选对数据进行筛选。例如，为了筛选出"销售额"在 1000~2000 之间的记录，可以按照下述步骤进行操作。

步骤 1 ▶ 单击包含要筛选的数据列的向下箭头（如单击"销售额"右侧的向下箭头），从下拉菜单中选择"数字筛选"→"介于"选项，出现"自定义自动筛选方式"对话框。

步骤 2 ▶ 在"大于或等于"右侧的文本框中输入"1000"。如果要定义两个筛选条件，并且要同时满足，则选中"与"单选按钮；如果只需满足两个条件中的任意一个，则选中"或"单选按钮。本例中，选中"与"单选按钮。

步骤 3 ▶▶ 在"小于或等于"右侧的文本框中输入"2000"。单击"确定"按钮，即可显示符合条件的数据，本例仅显示销售额在1000~2000之间的记录，如图11-5所示。

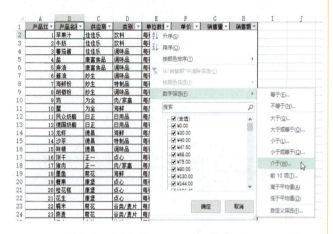

图 11-5 自定义筛选

11.3 数据分类汇总

分类汇总是指根据指定的类别将数据以指定的方式进行统计，可以快速将表格中的数据进行汇总与分析，以获得想要的统计数据，如统计各部门的总销售额，统计档案表中的男女人数等。

01 创建分类汇总

练习素材：素材\第11章\原始文件\创建分类汇总.xlsx。

结果文件：素材\第11章\结果文件\创建分类汇总.xlsx。

创建分类汇总之前需要将准备分类汇总的数据区域按关键字排序，从而使相同关键字的行排列在相邻行中，有利于分类汇总。具体操作步骤如下。

步骤 1 ▶▶ 对需要分类汇总的字段进行排序。例如，对"销售地区"进行排序。

步骤 2 ▶▶ 选定数据区域中的任意一个单元格，切换到功能区中的"数据"选项卡，在"分级显示"组中单击"分类汇总"按钮，出现"分类汇总"对话框。

步骤 3 ▶▶ 在"分类字段"列表框中选择步骤1中进行排序的字段，如选择"销售地区"选项；在"汇总方式"列表框中选择汇总计算方式，如选择"求和"选项；在"选定汇总项"列表框中选择想计算的列，如选择"销售额"选项。

步骤 4 ▶▶ 单击"确定"按钮，即可得到分类汇总结果，如图11-6所示。

图 11-6 分类汇总的结果

02 分级显示分类汇总

对数据区域进行分类汇总后，在行标题的左侧出现了一些新的标志，称为分级显示符号，主要用于显示或隐藏某些明细数据。明细数据就是在进行了分类汇总的数据区域或工作表分级显示中的分类汇总行或列。

在分级显示视图中单击行级符号 1，仅显示总和与列标志；单击行级符号 2，仅显示分类汇总与总和。在本例中，单击行级符号 3，会显示所有的明细数据，如图 11-7 所示。

	A	B	C	D	E	F
1	日期	商品	销售量	销售额	销售地区	供货员
2	2021/10/14	电脑	15	52500	华北	刘斌
3	2021/10/24	洗衣机	18	27000	华北	刘斌
4	2021/10/27	电脑	22	77000	华北	王非
5				156500	华北 汇总	
6	2021/10/16	空调	6	15600	华东	王非
7	2021/10/20	空调	14	36400	华东	王非
8	2021/10/23	空调	4	10400	华东	陈铭
9	2021/10/26	空调	9	23400	华东	张勇
10				85800	华东 汇总	
11	2021/10/15	电冰箱	12	21600	华南	张勇
12	2021/10/17	洗衣机	14	21000	华南	陈铭
13	2021/10/18	电脑	8	28000	华南	刘斌
14	2021/10/19	电冰箱	9	16200	华南	张勇
15	2021/10/21	洗衣机	21	31500	华南	陈铭
16	2021/10/22	电冰箱	33	59400	华南	王非
17	2021/10/25	洗衣机	21	31500	华南	张勇
18				209200	华南 汇总	
19				451500	总计	
20						

	A	B	C	D	E	F
1	日期	商品	销售量	销售额	销售地区	供货员
5				156500	华北 汇总	
10				85800	华东 汇总	
18				209200	华南 汇总	
19				451500	总计	
20						
21						
22						

图 11-7　显示明细数据

提示

单击"隐藏明细数据"按钮，表示将当前级的下一级明细数据隐藏起来；单击"显示明细数据"按钮，表示将当前级的下一级明细数据显示出来。图 11-8 为将销售地区为"华北"的明细数据隐藏起来的效果。

	A	B	C	D	E	F
1	日期	商品	销售量	销售额	销售地区	供货员
2	2021/10/14	电脑	15	52500	华北	刘斌
3	2021/10/24	洗衣机	18	27000	华北	刘斌
4	2021/10/27	电脑	22	77000	华北	王非
5				156500	华北 汇总	
6	2021/10/16	空调	6	15600	华东	王非
7	2021/10/20	空调	14	36400	华东	王非
8	2021/10/23	空调	4	10400	华东	陈铭
9	2021/10/26	空调	9	23400	华东	张勇
10				85800	华东 汇总	
11	2021/10/15	电冰箱	12	21600	华南	张勇
12	2021/10/17	洗衣机	14	21000	华南	陈铭
13	2021/10/18	电脑	8	28000	华南	刘斌
14	2021/10/19	电冰箱	9	16200	华南	张勇
15	2021/10/21	洗衣机	21	31500	华南	陈铭
16	2021/10/22	电冰箱	33	59400	华南	王非
17	2021/10/25	洗衣机	21	31500	华南	张勇
18				209200	华南 汇总	
19				451500	总计	
20						

	A	B	C	D	E	F
1	日期	商品	销售量	销售额	销售地区	供货员
5				156500	华北 汇总	
6	2021/10/16	空调	6	15600	华东	王非
7	2021/10/20	空调	14	36400	华东	王非
8	2021/10/23	空调	4	10400	华东	陈铭
9	2021/10/26	空调	9	23400	华东	张勇
10				85800	华东 汇总	
11	2021/10/15	电冰箱	12	21600	华南	张勇
12	2021/10/17	洗衣机	14	21000	华南	陈铭
13	2021/10/18	电脑	8	28000	华南	刘斌
14	2021/10/19	电冰箱	9	16200	华南	张勇
15	2021/10/21	洗衣机	21	31500	华南	陈铭
16	2021/10/22	电冰箱	33	59400	华南	王非
17	2021/10/25	洗衣机	21	31500	华南	张勇
18				209200	华南 汇总	
19				451500	总计	
20						

图 11-8　隐藏"华北"地区的明细数据

03 删除分类汇总

如果用户觉得不需要进行分类汇总，则切换到功能区中的"数据"选项卡，在"分级显示"组中单击"分类汇总"按钮，打开"分类汇总"对话框，单击"全部删除"按钮，即可删除分类汇总。

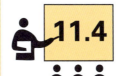

11.4 办公实例：统计分析员工工资

本节将通过一个具体的实例——统计分析员工工资，来巩固与拓展本章所学的知识，使读者能够快速将知识应用到实际工作中。

Word/Excel/PPT/PS 就这么高效

01 实例描述

本实主要涉及以下内容：

- 按照"工资"降序排序；
- 按照"部门"升序排序，按照"工资"降序排序；
- 筛选出"高级职员"的相应数据；
- 筛选出"部门"为"开发部"，工资低于5000的数据；
- 以"性别"为分类依据，统计男女人数；
- 以"部门"为分类依据，统计各部门的工资总和。

02 实例操作指南

练习素材：素材\第11章\原始文件\统计分析员工工资.xlsx。

结果文件：素材\第11章\结果文件\统计分析员工工资.xlsx。

步骤1 打开练习素材，单击"工资"列中的任意一个单元格后，切换到功能区中的"数据"选项卡，单击"排序和筛选"组中的"降序"按钮，即可将"工资"按降序排序，如图11-9所示。

图11-9 将"工资"按降序排序

图11-9 将"工资"按降序排序（续）

步骤2 单击"排序和筛选"组中的"排序"按钮，打开如图11-10所示的"排序"对话框，将"主要关键字"设置为"部门"，"次序"设置为"升序"。单击"添加条件"按钮，将"次要关键字"设置为"工资"，"次序"设置为"降序"。

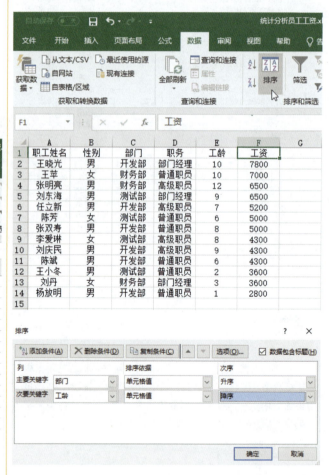

图11-10 "排序"对话框

步骤 3 ▶▶ 单击“确定”按钮，显示如图 11-11 所示的按照多个条件排序后的结果。

	A	B	C	D	E	F
1	职工姓名	性别	部门	职务	工龄	工资
2	张明亮	男	财务部	高级职员	12	6500
3	王苹	女	财务部	普通职员	10	7000
4	刘丹	女	财务部	部门经理	3	3600
5	刘东海	男	测试部	部门经理	9	6500
6	李爱琳	女	测试部	高级职员	8	4300
7	陈芳	女	测试部	普通职员	6	5000
8	王小冬	男	测试部	普通职员	2	3600
9	王晓光	男	开发部	部门经理	10	7800
10	刘庆民	男	开发部	高级职员	9	4300
11	张双寿	男	开发部	普通职员	8	5000
12	任立新	男	开发部	高级职员	7	5200
13	陈斌	男	开发部	普通职员	6	4300
14	杨放明	男	开发部	普通职员	1	2800

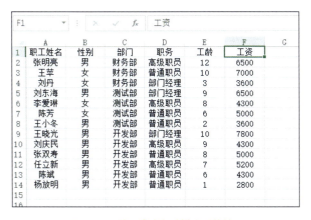

图 11-11　按照多个条件排序后的结果

步骤 4 ▶▶ 单击“排序和筛选”组中的“筛选”按钮，单击标题“职务”右侧的向下箭头，在弹出的下拉列表中选中“高级职员”复选框，单击“确定”按钮，筛选出职务为“高级职员”的数据，如图 11-12 所示。

	A	B	C	D	E	F
1	职工姓名	性别	部门	职务	工龄	工资
2	张明亮	男	财务部	高级职员	12	6500
6	李爱琳	女	测试部	高级职员	8	4300
10	刘庆民	男	开发部	高级职员	9	4300
12	任立新	男	开发部	高级职员	7	5200

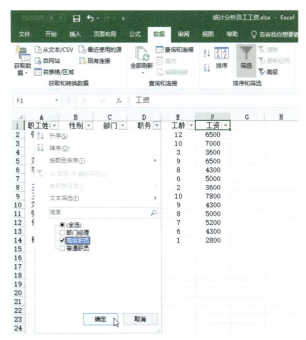

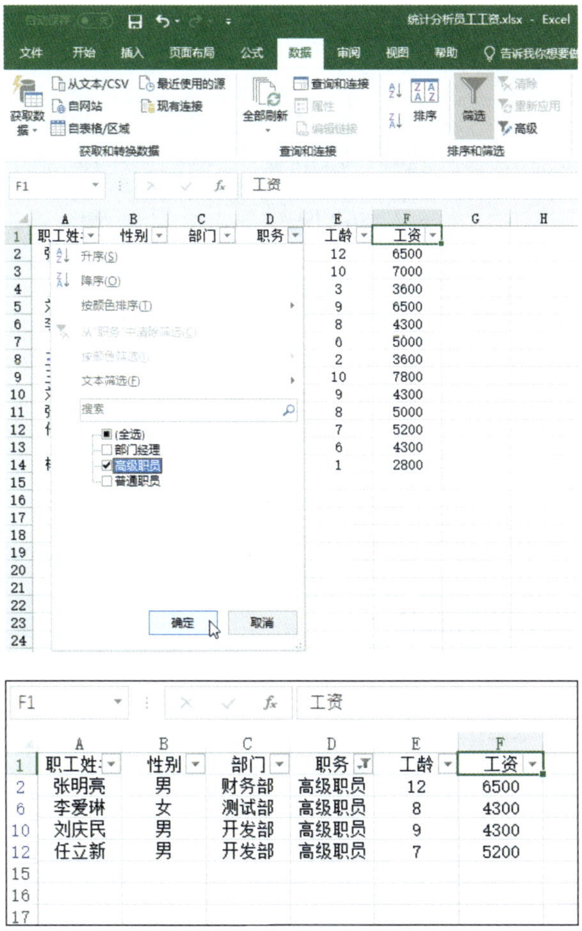

图 11-12　筛选职务为“高级职员”的数据

步骤 5 ▶▶ 单击“排序和筛选”组中的“筛选”按钮，退出自动筛选功能。在单元格区域 C17:D18 中输入自定义筛选条件，如图 11-13 所示。

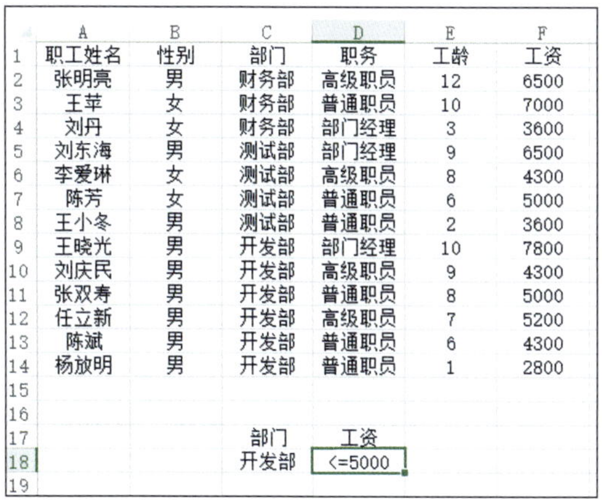

	A	B	C	D	E	F
1	职工姓名	性别	部门	职务	工龄	工资
2	张明亮	男	财务部	高级职员	12	6500
3	王苹	女	财务部	普通职员	10	7000
4	刘丹	女	财务部	部门经理	3	3600
5	刘东海	男	测试部	部门经理	9	6500
6	李爱琳	女	测试部	高级职员	8	4300
7	陈芳	女	测试部	普通职员	6	5000
8	王小冬	男	测试部	普通职员	2	3600
9	王晓光	男	开发部	部门经理	10	7800
10	刘庆民	男	开发部	高级职员	9	4300
11	张双寿	男	开发部	普通职员	8	5000
12	任立新	男	开发部	高级职员	7	5200
13	陈斌	男	开发部	普通职员	6	4300
14	杨放明	男	开发部	普通职员	1	2800
15						
16						
17			部门	工资		
18			开发部	<=5000		

图 11-13　输入自定义筛选条件

步骤 6 ▶▶ 单击“排序和筛选”组中的“高级”按钮，打开如图 11-14 所示的“高级筛选”对话框，在“列表区域”文本框中自动选择了要筛选的数据区域，单击“条件区域”文本框右侧的折叠按钮后，在工作表中选择条件区域。

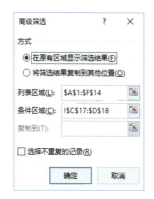

图 11-14　“高级筛选”对话框

步骤 7 ▶▶ 单击“确定”按钮，即可得到如图 11-15 所示的 4 条符合条件的数据。单击“排序和筛选”组中的“清除”按钮，清除当前的筛选。

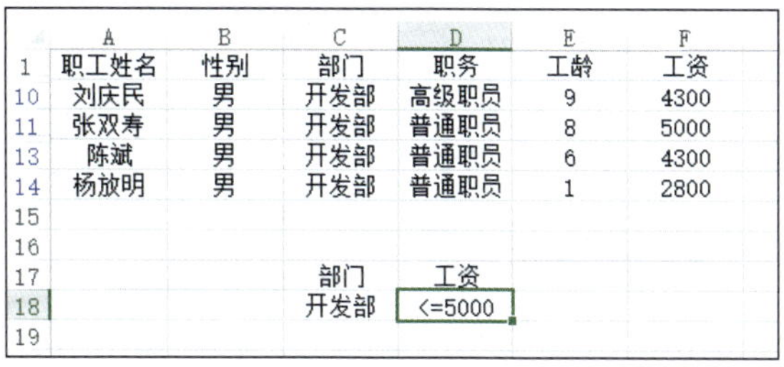

	A	B	C	D	E	F
1	职工姓名	性别	部门	职务	工龄	工资
10	刘庆民	男	开发部	高级职员	9	4300
11	张双寿	男	开发部	普通职员	8	5000
13	陈斌	男	开发部	普通职员	6	4300
14	杨放明	男	开发部	普通职员	1	2800
15						
16						
17			部门	工资		
18			开发部	<=5000		

图 11-15　筛选后的结果

步骤 8 ▶▶ 单击"排序和筛选"组中的"排序"按钮,打开如图 11-16 所示的"排序"对话框,设置两个排序条件。

图 11-16 "排序"对话框

步骤 9 ▶▶ 单击"确定"按钮,对两列进行排序。单击"分级显示"组中的"分类汇总"按钮,打开如图 11-17 所示的"分类汇总"对话框。在"分类字段"下拉列表中选择"性别"选项,在"汇总方式"下拉列表框中选择"计数"选项,在"选定汇总项"列表框中选中"职工姓名"复选框。

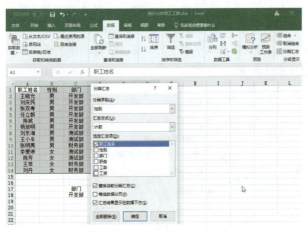

图 11-17 "分类汇总"对话框

步骤 10 ▶▶ 单击"确定"按钮,即可统计出男女的人数,如图 11-18 所示。

图 11-18 统计出男女的人数

步骤 11 ▶▶ 再次单击"分类汇总"按钮,打开"分类汇总"对话框,在"分类字段"下拉列表框中选择"部门"选项,在"汇总方式"下拉列表框中选择"求和"选项,在"选定汇总项"列表框中选择"工资"复选框,撤选"替换当前分类汇总"复选框,如图 11-19 所示。

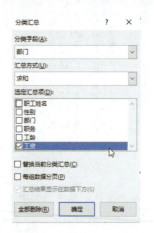

图 11-19 "分类汇总"对话框

步骤 12 ▶▶ 单击"确定"按钮,即可在原有分类汇总的基础上进行第二次汇总,如图 11-20 所示。

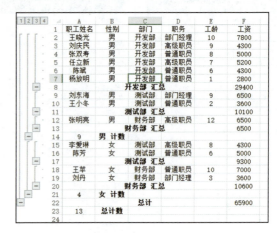

图 11-20 分类汇总后的结果

03 实例总结

本实例复习了数据的排序、筛选、分类汇总等方面的基本操作和应用技巧,主要用到所学的以下知识点:

➢ 对单列快速排序;
➢ 对多列排序;
➢ 数据的自动筛选;
➢ 数据的高级筛选;
➢ 创建分类汇总;
➢ 创建嵌套的分类汇总。

编辑 Excel 图表

图表将工作表中的数据用图形表示出来,能让读者更清晰、有效地处理数据。图表是日常商务办公中最常用的数据分析工具之一。本章将讲述在 Excel 中使用图表的方法,最后通过一个综合实例巩固所学内容。

通过本章的学习,读者能够掌握如下内容。

➤ 图表的创建与编辑。
➤ 优化调整坐标轴、数据系列等。
➤ 图表中对象的美化。

12.1 即时创建图表

练习素材：素材\第12章\原始文件\即时创建图表.xlsx。

结果文件：素材\第12章\结果文件\即时创建图表.xlsx。

只需一次单击 Excel 2019 的"快速分析"工具，即可将数据转换为图表。具体操作步骤如下。

步骤 1 ▶ 选择包含需要分析数据的单元格区域，单击显示在选定数据右下方的快速分析按钮。

步骤 2 ▶ 在弹出的菜单中中单击"图表"选项卡，选择要使用的图表类型，即可快速创建图表，如图 12-1 所示。

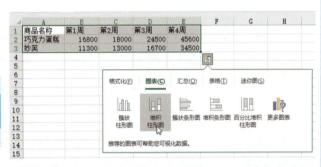

图 12-1 即时创建图表

当用户创建图表后，在图表旁新增了三个按钮，让用户快速选择和预览图表，并对图表元素（如标题或标签）、图表的外观和样式或显示数据进行更改。

12.2 创建图表的基本方法

练习素材：素材\第12章\原始文件\创建图表.xlsx。

结果文件：素材\第12章\结果文件\创建图表.xlsx。

图表既可以创建在工作表上，也可以创建在工作簿的图表工作表上。直接出现在工作表上的图表称为嵌入式图表。图表工作表是工作簿中仅包含图表的特殊工作表。

提示
嵌入式图表和图表工作表都与工作表的数据相关，并随工作表数据的更改而更新。

创建图表的具体操作步骤如下。

步骤 1 ▶ 在工作表中选定要创建图表的数据。

步骤 2 ▶ 切换到功能区中的"插入"选项卡，在"图表"组中选择要创建的图表类型，如单击柱形图按钮，在弹出的菜单中选择需要的图表类型，即可在工作表中创建图表，如图 12-2 所示。

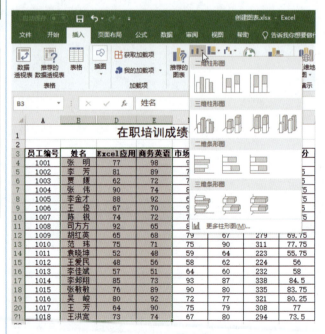

图 12-2 创建图表

第 12 章　编辑 Excel 图表

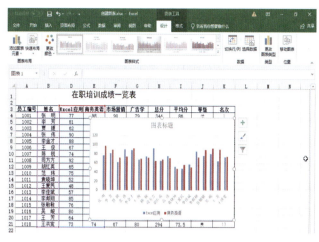

图 12-2　创建图表（续）

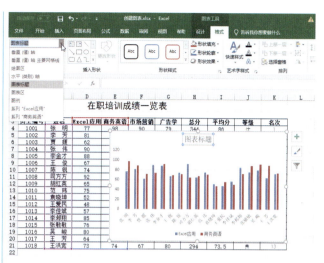

图 12-3　选择图表项

12.3 图表的基本操作

创建图表并将其选定后，功能区将多出两个选项卡，即"图表工具－设计"和"图表工具－格式"选项卡。通过这两个选项卡中的按钮，可以对图表进行各种设置和编辑。

01 选定图表项

对图表中的图表项进行修饰之前，应该单击图表项将其选定。有些成组显示的图表项（如数据系列和图例等）各自可以细分为单独的元素。例如，为了在数据系列中选定一个单独的数据标记，先单击数据系列，再单击其中的数据标记。

提示

另一种选择图表项的方法是，先单击图表的任意位置将其激活，然后切换到"图表工具－格式"选项卡，单击"图表元素"列表框右侧的向下箭头，从弹出的下拉列表中选择要处理的图表项，如图 12-3 所示。

02 调整图表大小

要调整图表的大小，可以直接将鼠标移动到图表的浅蓝色边框的控制点上，当形状变为双向箭头时，拖动即可调整图表的大小；也可以在"图表工具－格式"选项卡的"大小"组中精确设置图表的高度和宽度。

提示

如果要移动图表，则可以将鼠标移动到图表上，当鼠标变成四向箭头时，按住鼠标左键拖动即可。如果要将图表移动到其他工作表中，可以选定图表后，在"图表工具－设计"选项卡的"位置"组中单击"移动图表"按钮，在打开的"移动图表"对话框中选择工作表即可。

12.4 修改图表内容

一个图表中包含多个组成部分，默认创建的图表只包含其中的几项，如果希望图表显示更多信息，就有必要添加一些图表布局元素。另外，为了使图表更加美观，可以为图表设置样式。

01 添加并修饰图表标题

练习素材：素材\第 12 章\原始文件\添加图表标题.xlsx。

结果文件：素材\第12章\结果文件\添加图表标题.xlsx。

默认创建的图表包含标题，但一般只会显示"图表标题"字样。如果要为图表添加一个标题并对其进行美化，则可以按照下述步骤进行操作。

步骤 1 ▶▶ 单击图表将其选中，单击右侧的图表元素按钮，在弹出的窗口中选中"图表标题"复选框，如图12-4所示。还可以单击该复选框右侧的箭头，进一步选择放置标题的方式。

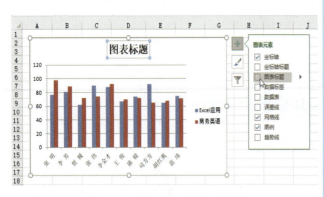

图12-4 选中"图表标题"复选框

步骤 2 ▶▶ 在文本框中输入标题文本，如图12-5所示。

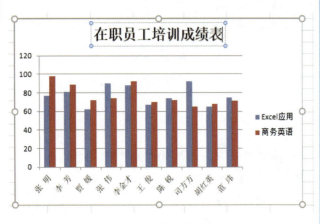

图12-5 输入标题文本

步骤 3 ▶▶ 右击标题文本，在弹出的快捷菜单中选择"设置图表标题格式"选项，打开"设置图表标题格式"窗格，单击"标题选项"选项卡，可以为标题设置填充类型、边框颜色、边框样式、阴影、三维格式和对齐方式等，如图12-6所示。

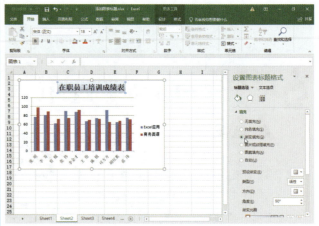

图12-6 设置标题的格式

> **提示**
> 图表创建后，还可以更改图表的数据源，如添加新数据或删除不需要的数据。选定图表，在"图表工具-设计"选项卡的"数据"组中单击"选择数据"按钮，打开"选择数据源"对话框，可以重新选择数据源。

02 设置坐标轴及标题

用户可以决定是否在图表中显示坐标轴及显示的方式。为了使坐标轴的内容更加明确，还可以为坐标轴添加标题。设置图表坐标轴及标题的具体操作步骤如下。

步骤 1 ▶▶ 单击图表区后，切换到功能区中的"图表工具-设计"选项卡，在"图表布局"组中单击"添加图表元素"按钮，在弹出的下拉菜单中选择"坐标轴标题"选项后，分别选择子菜单中的"主要横坐标轴"和"主要纵坐标轴"。

步骤 2 图12-7为将主要横坐标轴标题设置为"姓名",将主要纵坐标轴标题设置为"考试成绩"的效果。

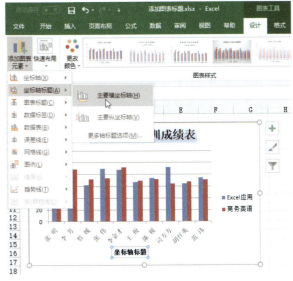

图12-8 "设置坐标轴标题格式"窗格(续)

03 添加图例

图例代表不同数据系列的标识。如果要添加图例,则可以在选择图表后,切换到功能区中的"图表工具 - 设计"选项卡,在"图表布局"组中单击"添加图表元素"按钮,在弹出的菜单中选择"图例",在其子菜单中选择一种放置图例的方式,Excel 会根据图例的大小重新调整绘图区的大小,如图12-9所示。

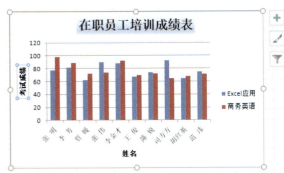

图12-7 设置图表的坐标轴和标题

步骤 3 右击横坐标轴标题或纵坐标轴标题,在弹出的快捷菜单中选择"设置坐标轴标题格式"选项,在打开的"设置坐标轴标题格式"任务窗格中单击相应的选项卡后,设置坐标轴标题的格式,如图12-8所示。

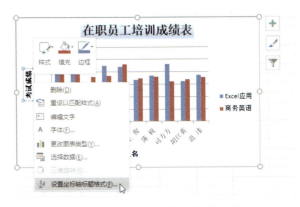

图12-8 "设置坐标轴标题格式"窗格

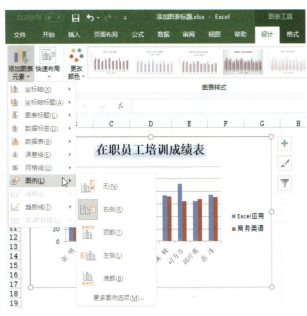

图12-9 添加图例

右击图例,在弹出的快捷菜单中选择"设置图例格式"选项,打开"设置图例格式"窗格,与设置图表标题格式类似,在该窗格中也可以设置图例的位置、填充色、边框颜色、边框样式和阴影效果。

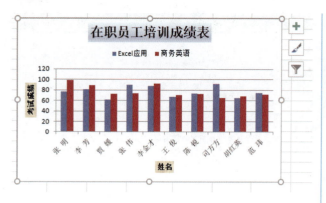

图 12-9　添加图例（续）

04 添加数据标签

用户可以为图表中的数据系列、单个数据点或所有数据点添加数据标签。数据标签是显示在数据系列上的数据标记（数值）。添加的标签类型由选定数据点对应的图表类型决定。

如果要添加数据标签，则可以在单击图表区后，切换到功能区中的"图表工具－设计"选项卡，单击"图表布局"组的"添加图表元素"按钮，在弹出的下拉菜单中选择"数据标签"选项，再选择添加数据标签的位置即可，如图 12-10 所示。

图 12-10　添加数据标签

如果要对数据标签的格式进行设置，则可以选择"数据标签"子菜单中的"其他数据标签选项"，打开"设置数据标签格式"窗格。单击"标签选项"选项卡，可以设置数据标签的显示内容、标签位置、数字的显示

格式、文字对齐方式等，如图 12-11 所示。

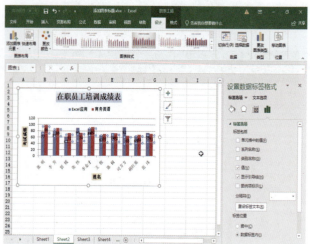

图 12-11　设置数据标签格式

05 更改图表类型

练习素材：素材\第 12 章\原始文件\更改图表类型.xlsx。

图表类型的选择是相当重要的，可以更清晰地反映数据的差异和变化。Excel 提供了若干种标准的图表类型和自定义的类型，用户在创建图表时可以选择所需的图表类型。当对创建的图表类型不满意时，可以更改图表的类型，具体操作步骤如下。

步骤 1 ▶▶ 选定图表，切换到功能区中的"图表工具-设计"选项卡，在"类型"组中单击"更改图表类型"按钮，出现如图 12-12 所示的"更改图表类型"对话框。

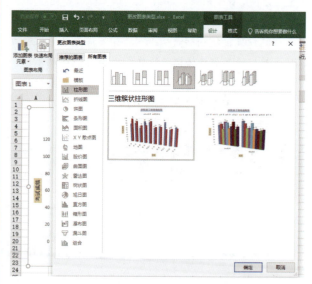

图 12-12　"更改图表类型"对话框

步骤 2 ▶ 在"所有图表"列表框中选择所需的图表类型，再从右侧选择所需的子图表类型。

步骤 3 ▶ 单击"确定"按钮，结果如图 12-13 所示。

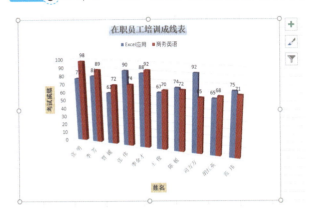

图 12-13　更改图表类型后的效果

06 设置图表布局和样式

练习素材：素材\第 12 章\原始文件\设置图表布局和样式 .xlsx。

结果文件：素材\第 12 章\结果文件\设置图表布局和样式 .xlsx。

创建图表后，可以使用 Excel 提供的布局和样式来快速设置图表外观，这对于不熟悉图表样式设置的用户来说是比较方便的。设置图表布局和样式的具体操作步骤如下。

步骤 1 ▶ 单击图表中的图表区后，切换到功能区中的"图表工具 - 设计"选项卡，在"图表布局"选项组中单击"快速布局"按钮，在弹出的下拉菜单中选择图表的布局类型，如图 12-14 所示。

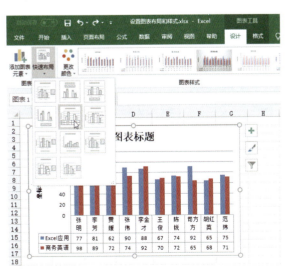

图 12-14　设置图表布局

步骤 2 ▶ 单击图表中的图表区后，在"图表工具 - 设计"选项卡的"图表样式"组中选择图表的样式，如图 12-15 所示。选择图表布局和样式后，即可快速得到最终的效果。

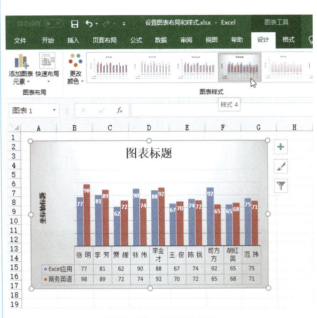

图 12-15　设置图表样式

07 设置图表区与绘图区的格式

练习素材：素材\第 12 章\原始文件\设置图表区与绘图区的格式 .xlsx。

结果文件：素材\第 12 章\结果文件\设置图表区与绘图区的格式 .xlsx。

图表区是放置图表及其他元素（包括标题与图形）的大背景。单击图表的空白位置，当图表最外框四角出现 8 个句柄时，表示选定了该图表区。绘图区是放置图表主体的背景。

设置图表区和绘图区格式的具体操作步骤如下。

步骤 1 ▶ 单击图表，切换到功能区中的"图表工具 - 格式"选项卡，在"当前所选内容"组的"图表元素"下拉列表框中选择"图表区"选项。

步骤 2 ▶ 单击"设置所选内容格式"按钮，弹出"设置图表区格式"窗格。

步骤 3 ▶ 选择列表框中的"填充"选项，可以设置填充效果。例如，本例以纹理作为填充色，如图 12-16 所示。

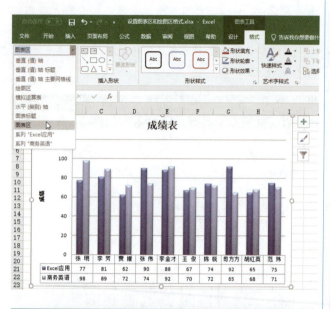

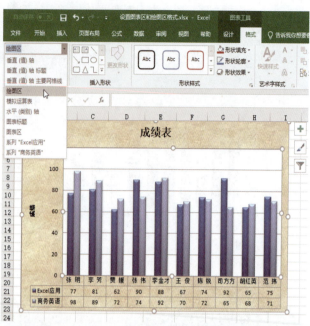

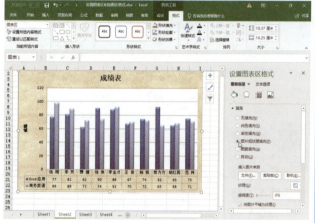

图 12-16　设置纹理作为图表区的填充色

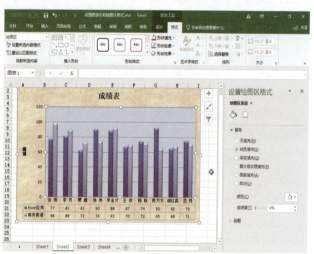

图 12-17　设置绘图区的格式

步骤 4 ▶▶ 还可以进一步设置图表区的边框颜色、边框样式或三维格式等，然后单击窗格右上角的"关闭"按钮。

步骤 5 ▶▶ 切换到功能区中的"图表工具 - 格式"选项卡，在"当前所选内容"组的"图表元素"列表框中选择"绘图区"。

步骤 6 ▶▶ 重复步骤 2~4 的操作，可以设置绘图区的格式，如图 12-17 所示。

 12.5 办公实例：使用饼图创建问卷调查结果图

本节将通过一个实例——使用饼图创建问卷调查结果图，来巩固本章所学的知识，使读者快速将知识应用到实际工作中。

第 12 章　编辑 Excel 图表

01　实例描述

本章介绍了创建图表和编辑图表的方法。本实例将利用问卷调查表来创建饼图，在制作过程中主要涉及以下内容：

➢ 创建图表；
➢ 改变图表的类型。

02　实例操作指南

练习素材：素材 \ 第 12 章 \ 原始文件 \ 问卷调查表 .xlsx。

结果文件：素材 \ 第 12 章 \ 结果文件 \ 问卷调查结果图 .xlsx。

步骤 1 ▶ 选择准备创建图表的单元格区域后，切换到功能区中的"插入"选项卡，单击"图表"组中饼图按钮右侧的向下箭头，选择"三维饼图"选项，如图 12-18 所示。

图 12-18　选择"三维饼图"

步骤 2 ▶ 此时，即可在工作表中创建一个三维饼图，还可以将鼠标移动至对角线的控制点上，当鼠标指针变为双向箭头时，单击并沿对角线方向拖动鼠标，到达目标位置后释放鼠标，如图 12-19 所示。

步骤 3 ▶ 选定准备移动的图表，在图表区中移动鼠标，当鼠标指针变为形状时，单击并拖动鼠标指针至目标位置后，释放鼠标，如图 12-20 所示。

图 12-19　创建的三维饼图

图 12-20　移动图表

步骤 4 ▶ 选定创建的图表，切换到功能区中的"图表工具 - 设计"选项卡，在"图表布局"组中单击"添加图表元素"按钮，在弹出的下拉菜单中单击"数据标签"选项，在其子菜单中选择"最佳匹配"选项，如图 12-21 所示。

图 12-21　选择"最佳匹配"选项

步骤 5 选定准备创建图表的单元格区域后,切换到功能区中的"插入"选项卡,单击"图表"组中的饼图按钮,在弹出的菜单中选择"三维饼图"选项,如图12-22所示。

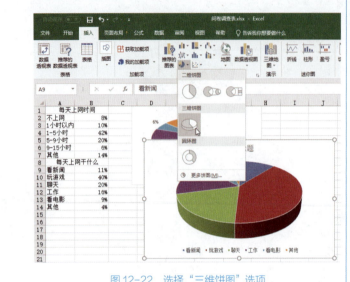

图 12-22 选择"三维饼图"选项

步骤 6 选定创建的图表后,切换到功能区中的"图表工具-设计"选项卡,单击"快速布局"按钮,在弹出的菜单中选择一种图表布局,如图12-23所示。

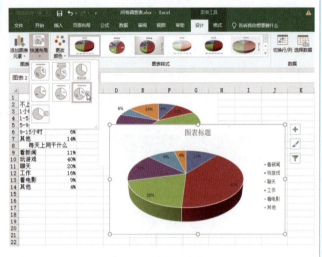

图 12-23 调整图表的布局

步骤 7 选定创建的图表,切换到功能区中的"图表工具-设计"选项卡,在"图表布局"组中单击"添加图表元素"按钮,在弹出的菜单中选择"数据标签"选项,再选择"数据标签内"选项,如图12-24所示。

图 12-24 选择"数据标签内"选项

步骤 8 利用鼠标调整创建图表的大小和位置。通过上述操作,即可完成两种类型饼图的创建,如图12-25所示。

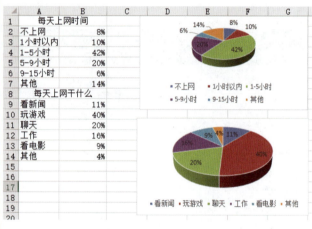

图 12-25 创建两种类型饼图

03 实例总结

本实例复习了本章所述的关于图表的创建与编辑等方面的知识和操作,主要用到所学的以下知识点:

➢ 创建图表;
➢ 调整图表的大小和位置;
➢ 为图表添加标签。

第 13 章 数据透视表与数据透视图

Excel 中一个重要的分析数据的利器就是数据透视表，具有很强的交互性，可以把用户输入的数据进行不同的数据搭配，从而获得不同的显示以及统计结果，并且能够将数据透视表转换为数据透视图，以获得图形化方式的操作。本章将讲述在 Excel 中使用数据透视表分析数据的方法，最后通过一个综合实例巩固所学内容。

通过本章的学习，读者能够掌握如下内容。

- ➢ 创建与编辑数据透视表。
- ➢ 利用数据透视表创建数据透视图。

13.1 创建与应用数据透视表

数据透视表是一种对大量数据快速汇总和创建交叉列表的交互式表格,可以转换行和列来查看源数据的不同汇总结果,显示感兴趣区域的明细数据。数据透视表是一种动态工作表,提供了一种以不同角度观看数据的简便方法。

本节将介绍数据透视表的相关内容,包括创建数据透视表、编辑数据透视表中的数据、设置数据透视表的显示方式和格式。

01 了解数据透视表

使用数据透视表可以深入分析数据,解决一些预想不到的数据问题。数据透视表是针对以下用途特别设计的。

➢ 以多种用户友好的方式查询大量的数据。
➢ 对数据分类汇总和聚合,按分类和子分类对数据汇总,创建自定义计算公式。
➢ 展开或折叠要关注结果的数据级别,查看感兴趣区域摘要数据的明细。
➢ 将行移动到列或将列移动到行,查看源数据的不同汇总。
➢ 对最有用与最关注的数据子集进行筛选、排序、分组和有条件地设置格式,使用户能够关注所需的信息。

提示
如果要分析相关的汇总,尤其是在要合计较大的数据列表并对每个数据进行多种比较时,通常使用数据透视表。

02 创建数据透视表

练习素材：素材\第13章\原始文件\创建数据透视表.xlsx。
结果文件：素材\第13章\结果文件\创建数据透视表.xlsx。

用户可以在对已有的数据进行交叉制表和汇总后,重新发布并立即计算出结果。创建数据透视表的具体操作步骤如下。

步骤 1 ▶ 选择数据区域中的任意一个单元格,切换到功能区中的"插入"选项卡,在"表格"组中单击"数据透视表"按钮。

步骤 2 ▶ 打开"创建数据透视表"对话框,选中"选择一个表或区域"单选按钮,并在"表/区域"文本框中自动输入光标所在单元格所属的数据区域。在"选择放置数据透视表的位置"选项组中选中"新工作表"单选按钮,如图13-1所示。

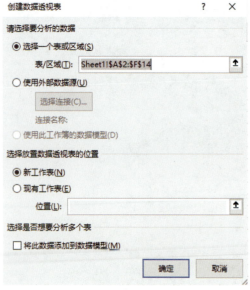

图13-1 "创建数据透视表"对话框

第 13 章　数据透视表与数据透视图

步骤 3 ▶ 单击"确定"按钮，即可进入如图 13-2 所示的数据透视表设计环境。

图 13-2　数据透视表设计环境

步骤 4 ▶ 在右侧的"数据透视表字段"窗格中，从"选择要添加到报表的字段"列表框中，将"部门"拖到下方的"筛选器"框中；将"姓名"拖到"行"框中；将"年薪"拖到"值"框中，如图 13-3 所示。

步骤 5 ▶ 用户可以单击"部门"右侧的向下箭头，选择具体显示的产品类别，并显示类别为"开发部"，如图 13-4 所示，仅显示"开发部"的年薪。

图 13-3　显示每个员工的年薪和总计

图 13-3　显示每个员工的年薪和总计（续）

图 13-4　仅显示"开发部"的年薪

> **提示**
>
> 在"以下区域间拖动字段"有 4 个区域，"筛选器"区域中的字段可以控制整个数据透视表的显示情况；"行"区域中的字段显示为数据透视表侧面的行，位置较低的行嵌套在紧靠它上方的行中；"列"区域中的字段显示为数据透视表顶部的列，位置较低的列嵌套在紧靠它上方的列中；"值"区域中的字段显示汇总数值数据。

03　添加和删除数据透视表字段

练习素材：素材\第 13 章\原始文件\添加和删除数据透视表字段.xlsx。

结果文件：素材\第 13 章\结果文件\添加和删除数据透视表字段.xlsx。

创建数据透视表后，也许会发现数据透视表布局不符合要求，这时可以根据需要在数据透视表中添加或删除字段。

1. 统计每位员工（显示部门）的年薪

如果要在数据透视表中列出每位员工（显示部门）的年薪，则可以按照下述步骤进行操作。

步骤 1 ▶▶ 单击数据透视表中的任意一个单元格。

步骤 2 ▶▶ 从"选择要添加到报表的字段"中，将"姓名"拖到"行"框中，将"部门"拖到"列"框中，如图13-5所示。

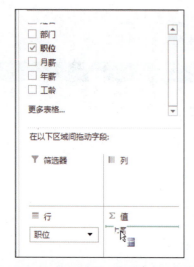

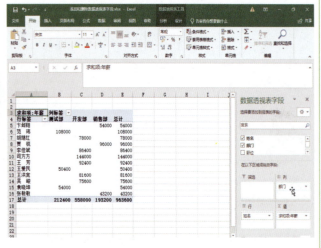

图 13-5 统计每位员工（显示部门）的年薪

2. 统计每个职位的月薪和工龄

如果要在数据透视表中列出每个职位的月薪和工龄，则可以按照下述步骤进行操作。

步骤 1 ▶▶ 单击数据透视表中的任意一个单元格。

步骤 2 ▶▶ 从"选择要添加到报表的字段"中，将"职位"拖到"行"框中，将"月薪"和"工龄"拖到"值"框中，如图13-6所示。

如果要删除某个数据透视表字段，则只需在右侧的"数据透视表字段"窗格中撤选相应的复选框即可。

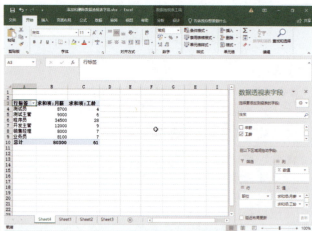

图 13-6 统计每个职位的月薪和工龄

提示

数据透视表的删除

数据透视表是一个整体，不能单一地删除其中任意单元格的数据。要删除数据透视表中的数据，可以选中数据透视表，单击"数据透视表工具 – 分析"选项卡的"操作"按钮，在弹出的下拉菜单中单击"选择"，再单击"整个数据透视表"选项，将整张数据透视表选中后，按 Delete 键。

04 改变数据透视表中数据的汇总方式

练习素材：素材\第13章\原始文件\改变数据透视表中数据的汇总方式.xlsx。

结果文件：素材\第13章\结果文件\改变数据透视表中数据的汇总方式.xlsx。

在创建数据透视表时，默认的汇总方式为求和，可以根据分析数据的要求随时改变汇总方式。例如，要统计每个职位的月薪和工龄的平均值，具体操作步骤如下。

步骤 1 ▶▶ 选择数据透视表中要改变汇总方式的字段，如选择"月薪"字段。

步骤 2 ▶▶ 切换到功能区中的"分析"选项卡，在"活动字段"组中单击"字段设置"按钮，打开如图 13-7 所示的"值字段设置"对话框。

05 查看数据透视表中的明细数据

练习素材：素材 \ 第 13 章 \ 原始文件 \ 查看数据透视表中的明细数据 .xlsx。

在 Excel 中，用户可以显示或隐藏数据透视表中字段的明细数据，具体操作步骤如下。

步骤 1 ▶▶ 在数据透视表中，通过单击 ➕ 或 ➖ 按钮，可以展开或折叠数据透视表中的数据，如图 13-9 所示。

图 13-7 "值字段设置"对话框

步骤 3 ▶▶ 在"汇总方式"列表框中选择要使用的函数。单击"确定"按钮，即可统计每个职位月薪的平均值。

步骤 4 ▶▶ 用同样的方法，更改工龄的平均值，如图 13-8 所示。

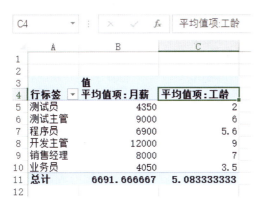

图 13-8 设置月薪和工龄的平均值

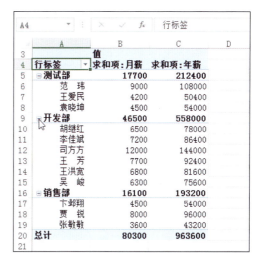

图 13-9 展开或折叠数据透视表中的数据

步骤 2 ▶▶ 右击行标签中的字段，在弹出的快捷菜单中选择"展开/折叠"选项，在其子菜单中可选择以下选项查看明细数据。

➢ 展开：可以查看当前项的明细数据。
➢ 折叠：可以隐藏当前项的明细数据。
➢ 展开整个字段：可以查看字段中所有项的明细数据。

- 折叠整个字段：可以隐藏字段中所有项的明细数据。
- 展开到"字段名"：可以查看下一级以外的明细数据。
- 折叠到"字段名"：可以隐藏下一级以外的明细数据。

步骤 3 ▶ 右击数据透视表的值字段中的数据，也就是数值区域的单元格，在弹出的快捷菜单中选择"显示详细信息"选项，将在新的工作表中单独显示该单元格所属的一整行明细数据，如图 13-10 所示。

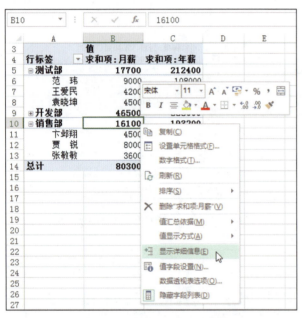

图 13-10　查看值字段中数据的详细信息

06 更新数据透视表数据

练习素材：素材\第13章\原始文件\更新数据透视表数据.xlsx。

虽然数据透视表具有非常强的灵活性和数据操控性，但是在修改其源数据时不能自动在数据透视表中反映出来，必须手动对数据透视表进行更新。具体操作步骤如下。

步骤 1 ▶ 对创建数据透视表的源数据进行修改，选择工作表 Sheet1 后，单击单元格 D8，将"王爱民"的月薪改为 4600，如图 13-11 所示。

图 13-11　修改源数据的数据

步骤 2 ▶ 切换到数据透视表所在的工作表 Sheet4，此时单元格 B7 中的数据并未自动更新，如图 13-12 所示。右击数据透视表中的任意一个单元格，在弹出的快捷菜单中选择"刷新"选项，即可更新数据。

图 13-12　未更新数据透视表中的数据

07 数据透视表自动套用样式

练习素材：素材\第13章\原始文件\数据透视表自动套用样式.xlsx。

结果文件：素材\第13章\结果文件\数据透视表自动套用样式.xlsx。

为了使数据透视表更美观，也为了使每行数据更加清晰明了，还可以为数据透视表设置表格样式。具体操作步骤如下。

步骤 1 ▶▶ 选定数据透视表中的任意一个单元格。

步骤 2 ▶▶ 切换到功能区中"数据透视表工具-设计"选项卡，在"数据透视表样式"组中单击"其他"按钮，在弹出的菜单中选择一种表格样式。图13-13为选择数据透视表样式后的效果。

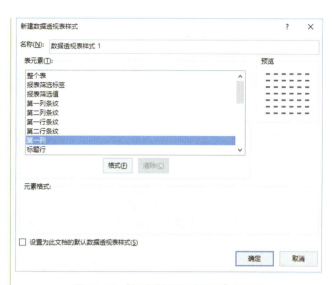

图13-14 "新建数据透视表样式"对话框

图13-13 套用数据透视表样式的效果

步骤 3 ▶▶ 如果对默认的数据透视表样式不满意，则可以自定义数据透视表的样式。在"数据透视表样式"组中单击"其他"按钮，在弹出的菜单中选择"新建数据透视表样式"选项，打开"新建数据透视表样式"对话框。在该对话框中，用户可以设置自己所需的表格样式，如图13-14所示。

步骤 4 ▶▶ 用户还可以切换到功能区中的"数据透视表工具-设计"选项卡，通过在"数据透视表样式选项"选项组中选中相应的复选框来设置数据透视表的外观，如"行标题""列标题""镶边行""镶边列"等。

13.2 利用数据透视表创建图表

数据透视图是以图形形式表示的数据透视表。与图表和数据区域之间的关系相同，各数据透视表之间的字段相互对应。

01 数据透视图概述

除具有标准图表的系列、分类、数据标记和坐标轴之外，数据透视图还有一些特殊的元素，如报表筛选字段、值字段、系列字段、项和分类字段等。

> **提示**
>
> 报表筛选字段是根据特定项筛选数据的字段。使用报表筛选字段是在不修改系列和分类信息的情况下，汇总并快速集中处理数据子集的捷径。
>
> 值字段来自基本源数据的字段，提供进行比较或计算的数据。
>
> 系列字段是数据透视图中为系列方向指定的字段。字段中的项提供单个数据系列。
>
> 项代表一个列或行字段中的唯一条目，并且出现在报表筛选字段、分类字段和系列字段的下拉列表中。
>
> 分类字段是分配到数据透视图分类方向上的源数据中的字段。分类字段为那些用来绘图的数据点提供单一分类。

02 创建数据透视图

练习素材：素材\第 13 章\原始文件\创建数据透视图 .xlsx。

结果文件：素材\第 13 章\结果文件\创建数据透视图 .xlsx。

如果要创建数据透视图，可以按照下述步骤进行操作。

步骤 1 ▶▶ 选定数据透视表中的任意一个单元格。

步骤 2 ▶▶ 切换到功能区中"数据透视表工具 - 分析"选项卡，在"工具"组中单击"数据透视图"按钮，出现"插入图表"对话框，先从左侧列表框中选择图表类型，然后从右侧列表框中选择子类型，如图 13-15 所示。

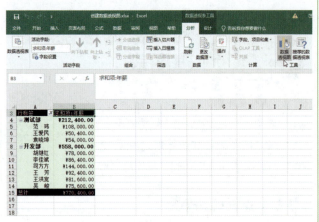

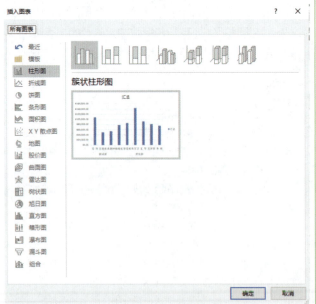

图 13-15　选择图表类型

步骤 3 ▶▶ 单击"确定"按钮，即可在文档中插入图表，如图 13-16 所示。

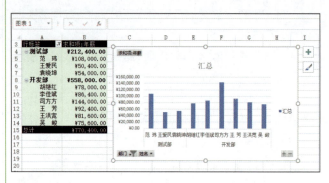

图 13-16　插入图表

步骤 4 ▶▶ 为了仅显示"测试部"和"开发部"的数据，可在"数据透视图筛选窗格"中的"部门"下拉列表框中选中"测试部"和"开发部"复选框，如图 13-17 所示。

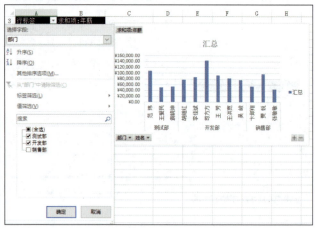

图 13-17　指定要显示的数据

步骤 5 ▶▶ 单击"确定"按钮，即可看到数据透视图中筛选出的数据，如图 13-18 所示。

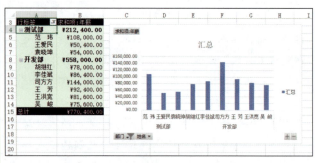

图 13-18　筛选后的数据透视图

提示

切换到功能区中"数据透视表工具－设计"选项卡，在"图表样式"组中选择一种图表样式，即可快速改变数据透视图的样式。

13.3 切片器的使用

切片器提供了一种可视性极强的筛选方法来筛选数据透视表中的数据，一旦插入切片器，即可使用按钮对数据进行快速分段和筛选，以仅显示所需的数据。

01 在数据透视表中插入切片器

切片器是易于使用的筛选组件，包含一组按钮，使用户能够快速地筛选数据透视表中的数据，无需打开下拉列表查找要筛选的项目。

 打开已经创建的数据透视表，在"数据透视表工具 - 分析"选项卡中，单击"筛选"组中的"插入切片器"按钮，弹出"插入切片器"对话框，选中要进行筛选的字段，如图 13-19 所示。

图 13-19 "插入切片器"对话框

 单击"确定"按钮，即可在数据透视表中自动插入切片器，如图 13-20 所示。

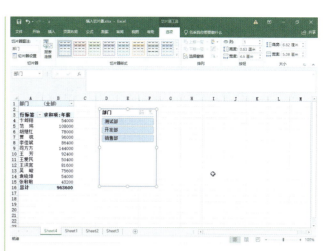

图 13-20 插入切片器

02 通过切片器查看数据透视表中的数据

插入切片器的主要目的是为了筛选数据。

 打开上一节的工作表，在切片器中选择要查看的部门，如单击"测试部"按钮，即可筛选出"测试部"人员的年薪，如图 13-21 所示。

图 13-21 筛选"测试部"人员的年薪

步骤 2 ▶▶ 用同样的方法，单击"开发部"按钮，即可筛选出"开发部"人员的年薪，如图13-22所示。

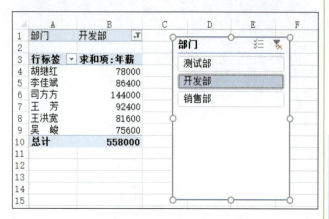

图13-22 筛选"开发部"人员的年薪

步骤 3 ▶▶ 用同样的方法，单击"销售部"按钮，即可筛选出"销售部"人员的年薪，如图13-23所示。

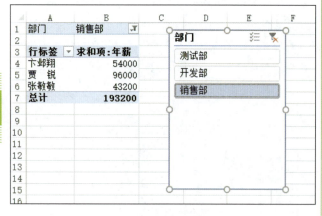

图13-23 筛选"销售部"人员的年薪

03 美化切片器

当用户在现有的数据透视表中插入切片器时，数据透视表的样式会影响切片器的样式，从而形成统一的外观。

步骤 1 ▶▶ 打开包含切片器的工作簿，单击选定要进行美化的切片器。

步骤 2 ▶▶ 在"选项"选项卡中，单击"切片器样式"组的"其他"按钮，展开更多的切片器样式库。

步骤 3 ▶▶ 从展开的库中选择喜欢的切片器样式，即可套用新的样式，如图13-24所示。

图13-24 套用新的切片器样式

13.4 办公实例：分析公司费用开支

本节将通过制作一个实例——分析公司费用开支，来巩固本章所学的知识，使读者能够真正将知识应用到实际工作中。

第13章 数据透视表与数据透视图

01 实例描述

数据透视表是运用Excel创建的一种交互式、交叉式报表，用于对多种来源的数据进行汇总和分析。在创建的数据透视图中，用户同样可以查看需要的数据内容，并可对其进行设置。下面以制作公司费用开支表为例进行讲解。在制作过程中主要涉及以下内容：

- 为公司费用开支表创建数据透视表；
- 为公司费用开支表创建数据透视图。

02 实例操作指南

练习素材：素材\第13章\原始文件\费用开支表.xlsx。

结果文件：素材\第13章\结果文件\费用开支表.xlsx。

步骤 1 ▶ 打开原始文件，在单击数据区域的任意一个单元格后，切换到功能区中的"插入"选项卡，在"图表"组中单击"数据透视图"按钮，选择"数据透视表"选项，打开如图13-25所示的"创建数据透视表"对话框，自动选中数据区域。

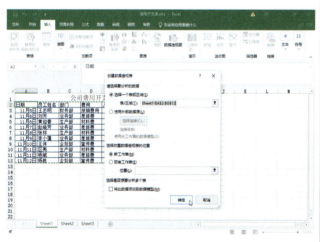

图 13-25 "创建数据透视表"对话框

步骤 2 ▶ 单击"确定"按钮，创建数据透视表原型。在"数据透视表字段"窗格中，将"费用"拖动到"筛选器"区域，将"部门"拖动到"列"区域，将"员工姓名"拖动到"行"区域，将"求和项：余额"拖动到"值"区域，设置后的数据透视表如图13-26所示。

图 13-26 设置后的数据透视表

步骤 3 ▶ 切换到功能区中的"数据透视表工具-设计"选项卡，在"数据透视表样式"组中选择一种样式，如图13-27所示。

图 13-27 设置数据透视表的样式

步骤 4 ▶ 单击"费用"下拉按钮，在弹出的列表中选择"差旅费"选项，如图13-28所示。单击"确定"按钮，即可显示有关"差旅费"的数据，如图13-29所示。

步骤 5 ▶ 单击数据区域中的任意一个单元格后，切换到功能区中的"插入"选项卡，在"图表"组中单击"数据透视图"按钮，选择"数据透视图"选项，打开"创建数据透视图"对话框，单击"确定"按钮，将在新工作表中创建数据透视图。将"数据透视表字段"窗格中的"费用"拖动到"筛选"，将"部门"拖动到"图例（系列）"，将"员工姓名"拖动到"轴（类别）"，将"求和项：余额"拖动到"值"。创建的数据透视图如图13-30所示。

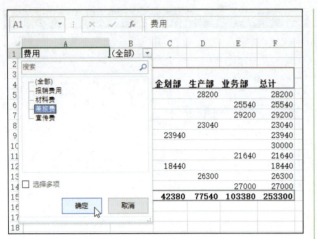

图 13-28 单击"差旅费"选项

图 13-30 创建的数据透视图

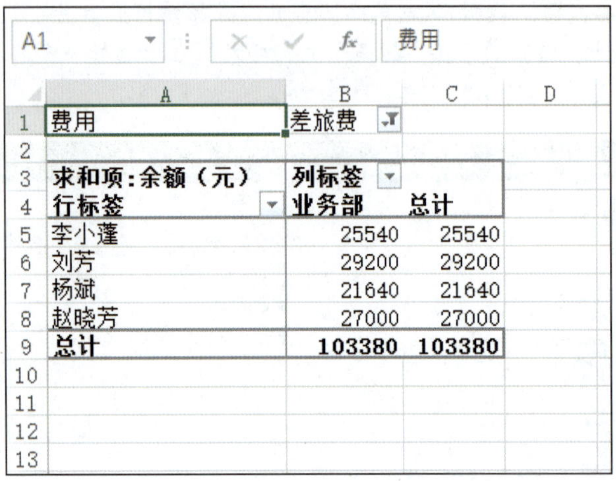

03 实例总结

本实例复习了该章中讲述的关于数据透视表的创建、编辑及数据透视图的创建等方面的知识和操作，主要用到所学的以下知识点：

- 创建数据透视表；
- 在数据透视表中手动添加字段；
- 筛选数据透视表中的数据；
- 创建数据透视图。

图 13-29 显示"差旅费"的相关数据

第四部分

炫酷演示：PowerPoint 应用技巧

第14章 PowerPoint 2019 的基本操作

　　PowerPoint 是专门用来制作演示文稿的软件，很受广大用户欢迎。利用 PowerPoint 不仅可以创建演示文稿，还可以制作关于广告宣传和产品演示的电子版幻灯片。在办公自动化日益普及的今天，PowerPoint 还能够为人们提供一个更高效、更专业的平台。本章将介绍 PowerPoint 2019 的基础知识。这是 PowerPoint 2019 的入门内容。初学者和使用过 PowerPoint 2019 以前版本的用户，可以浏览本章的内容，掌握 PowerPoint 2019 的新功能和新界面。

　　通过本章的学习，读者能够掌握如下内容。

➢ PowerPoint 窗口简介。
➢ 创建演示文稿与输入文本的方法。
➢ 处理幻灯片的技巧。
➢ 快速设置幻灯片中文本的格式。

Word/Excel/PPT/PS 就这么高效

14.1 PowerPoint 2019 窗口简介

启动 PowerPoint 2019 后，进入如图 14-1 所示的开始界面。

图 14-1　PowerPoint 2019 的开始界面

如果要从新建空白演示文稿开始，则单击空白演示文稿，如图 14-2 所示。

图 14-2　PowerPoint 2019 窗口

提示

演示文稿和幻灯片之间的关系就像一本书和书中的每一页之间的关系。一本书由不同的页组成，各种文字和图片都打印在每一页上。演示文稿由幻灯片组成，所有的数据（包括数字、符号、图片、图表等）都输入到幻灯片中。使用 PowerPoint 2019 可以创建多个演示文稿，在演示文稿中又可以根据需要新建多个幻灯片。

14.2 创建演示文稿

模板决定了演示文稿的基本结构和配色方案。应用模板可以使演示文稿具有统一的风格。演示文稿非常注重华丽性和专业性。PowerPoint 只提供在设计演示文稿时所需的工具。真正好的演示文稿设计，必须要有好的美术基础。不过，如果用户没有美术基础，也不必太沮丧，因为 PowerPoint 可以用模板来构建具有专业水平的演示文稿。具体操作步骤如下。

步骤 1 单击"文件"选项卡，在弹出的菜单中选择"新建"选项，在打开的窗口中会显示可使用的模板，如图 14-3 所示。

图 14-3　可使用的模板

步骤 2 单击要使用的模板，如单击"电路"，弹出如图 14-4 所示的对话框，让用户选择不同的配色。

第 14 章　PowerPoint 2019 的基本操作

图 14-4　选择模板的配色

步骤 3 ▶ 单击"创建"按钮，即可根据当前选定的模板和配色方案创建演示文稿，如图 14-5 所示。

被称为占位符。占位符中显示"单击此处添加标题"和"单击此处添加副标题"的字样。

要为幻灯片添加标题，可单击标题占位符，此时插入点出现在占位符中，即可输入标题的内容。要为幻灯片添加副标题，可单击副标题占位符，即可输入副标题的内容，如图 14-6 所示。

图 14-5　利用模板创建演示文稿

图 14-6　在占位符中输入文本

02　使用文本框输入文本

要在占位符之外的其他位置输入文本时，可以在幻灯片中插入文本框。文本框是一种可移动、可调大小的文本容器。可以使用文本框在一张幻灯片中放置数个文字块，或者使文字按不同的方向排列。

如果要添加不自动换行的文本，则可以按照下述步骤进行操作。

14.3　输入文本

演示文稿的核心是正文文本。演示文稿的目标是沟通、交流。用户之间最主要的交流工具是语言文字。PowerPoint 能够很容易地输入文本、编辑文本，并制作出特殊的效果，从而为文本赋予生命力。

01　在占位符中输入文本

当打开一个空白演示文稿时，系统会自动插入一张标题幻灯片。该幻灯片共有两个虚线框。这两个虚线框

步骤 1 ▶ 切换到功能区中的"插入"选项卡，在"文本"组中单击"文本框"按钮，在弹出的菜单中选择"绘制横排文本框"选项。

步骤 2 ▶ 单击要输入文本的位置，即可开始输入文本。在输入文本的过程中，文本框的宽度会自动增大，但是文本并不自动换行，如图 14-7 所示。

图 14-7 利用文本框输入文本

步骤 3 ▶▶ 输入完毕后，单击文本框之外的任意位置即可。

要输入自动换行的文本时，可切换到功能区中的"插入"选项卡，在"文本"组中单击"文本框"按钮，在弹出的菜单中选择"绘制横排文本框"选项，将鼠标指针移到要添加文本框的位置，按住鼠标左键拖动来限制文本框的大小，当输入的文本到文本框的右边界时会自动换行。

14.4 处理幻灯片

一般来说，一个演示文稿中会包含多张幻灯片，管理这些幻灯片已成为维护演示文稿的重要任务。在制作演示文稿的过程中，可以选定幻灯片、插入幻灯片、更改幻灯片的版式、删除幻灯片、调整幻灯片的顺序等。

01 选定幻灯片

处理幻灯片之前，必须先选定幻灯片，既可以选定单张幻灯片，也可以选定多张幻灯片。

为了在普通视图中选定单张幻灯片，可以单击左侧缩略图窗格中的幻灯片缩略图。

为了在幻灯片浏览视图中选定多张连续的幻灯片，应该先单击第一张幻灯片的缩略图，使该幻灯片的周围出现边框，然后按下 Shift 键并单击最后一张幻灯片的缩略图。

为了在幻灯片浏览视图中选定多张不连续的幻灯片，应先单击第一张幻灯片的缩略图，然后按下 Ctrl 键，再分别单击要选定的幻灯片缩略图。

> **提 示**
>
> PowerPoint 提供了多种视图方式，在"视图"选项卡的"演示文稿视图"组中，可以轻松切换视图方式，包括"普通""大纲视图""幻灯片浏览"等视图。

02 插入幻灯片

练习素材：素材\第14章\原始文件\插入幻灯片.pptx。

结果文件：素材\第14章\结果文件\插入幻灯片.pptx。

使用模板创建演示文稿时，如果所提供的幻灯片版式或幻灯片张数无法满足需求，则可以插入新幻灯片来完成幻灯片内容的编辑、排版与设计。如果要在幻灯片浏览视图中插入一张幻灯片，则可以按照下述步骤进行操作。

步骤 1 ▶▶ 切换到功能区中的"视图"选项卡，在"演示文稿视图"组中单击"幻灯片浏览"按钮，切换到幻灯片浏览视图中。

步骤 2 ▶▶ 单击要插入新幻灯片的位置。

步骤 3 ▶▶ 切换到功能区中的"输入"选项卡，在"幻灯片"组中单击"新建幻灯片"按钮，从弹出的菜单中选择一种版式，即可插入一张新幻灯片，过程如图 14-8 所示。

步骤 4 ▶▶ 切换到普通视图，可以在新建的幻灯片中编辑内容。

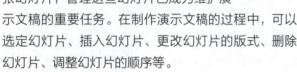

第 14 章 PowerPoint 2019 的基本操作

图 14-8 插入幻灯片

03 更改幻灯片的版式

练习素材：素材\第 14 章\原始文件\更改已有幻灯片的版式 .pptx。

结果文件：素材\第 14 章\结果文件\更改已有幻灯片的版式 .pptx。

如果要更改幻灯片的版式，则可以按照下述步骤进行操作。

步骤 1 ▶▶ 打开要更改版式的幻灯片。

步骤 2 ▶▶ 切换功能区中的"开始"选项卡，在"幻灯片"组中单击"版式"按钮，在弹出的菜单中选择一种版式。

步骤 3 ▶▶ 此时即可快速更改当前幻灯片的版式，如

图 14-9 所示。

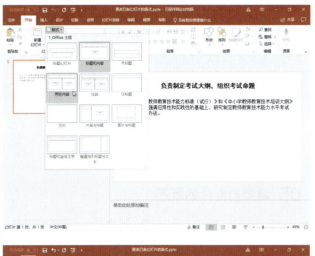

图 14-9 更改幻灯片版式

步骤 4 ▶▶ 对于 PowerPoint 2019 而言，在右侧还会弹出"设计理念"窗格，从其中可以单击一种样式，即可快速应用于当前幻灯片中，如图 14-10 所示。

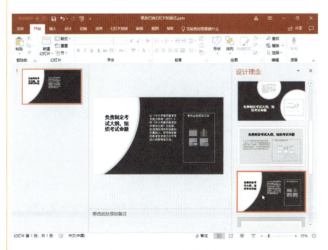

图 14-10 应用设计理念

04 删除幻灯片

用户可以将演示文稿中没有用的幻灯片删除，便于管理演示文稿。删除幻灯片有以下方法。

➤ 在普通视图左侧窗格中，首先右击要删除的幻灯片缩略图，然后在弹出的快捷菜单中选择"删除幻灯片"选项，将幻灯片删除。

➤ 在幻灯片浏览视图中单击要删除的幻灯片，按 Delete 键。

05 调整幻灯片的顺序

练习素材：素材\第14章\原始文件\调整幻灯片的顺序.pptx。

结果文件：素材\第14章\结果文件\调整幻灯片的顺序.pptx。

如果要在幻灯片浏览视图中调整幻灯片的顺序，则可以按照下述步骤进行操作。

步骤 1 ▶▶ 在幻灯片浏览视图中选定要移动的幻灯片。

步骤 2 ▶▶ 按住鼠标左键拖动，拖动相应的位置后，会自动腾出空间来容纳此幻灯片。

步骤 3 ▶▶ 释放鼠标左键，选定的幻灯片会出现在相应的位置，如图 14-11 所示。

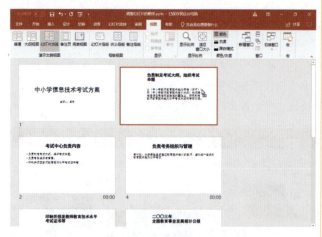

图 14-11　移动幻灯片

提示

在普通视图中，可以在左侧幻灯片缩图窗格中快速拖动幻灯片到新的位置。

14.5 设置幻灯片中的文字格式

幻灯片上的内容一般由文本对象和图形对象组成。文本对象是幻灯片的基本组成部分。PowerPoint 提供了强大的格式化功能，允许用户对文本进行格式化。

对于幻灯片中普通文字的格式化方法，与 Word、Excel 相同，都是选定文字后，利用"开始"选项卡中"字体"组的工具来设置字体、字号、字体颜色、字符间距等。下面主要介绍设置特殊文字格式的技巧。

01 套用"艺术字样式"突出标题

练习素材：素材\第14章\原始文件\突出标题.pptx。
结果文件：素材\第14章\结果文件\突出标题.pptx。

如果想突出幻灯片的标题，通常会放大字号或应用加粗格式，其实还有更多的文字格式可以设置，比如应用"艺术字样式"。

步骤 1 ▶▶ 选定标题所在的占位符，切换到"绘图工具-格式"选项卡，单击"艺术字样式"组中的"快速样式"按钮，弹出下拉菜单。

步骤 2 ▶▶ 将鼠标指针移到要应用的样式上，可以通过幻灯片预览效果，如图 14-12 所示。

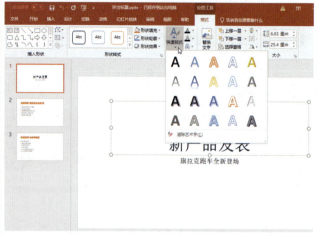

图 14-12　为标题应用艺术字样式

图 14-12　为标题应用艺术字样式（续）

步骤 3 ▶ 单击想要的艺术字样式即可。

提示

如果要应用其他样式，则只需重新选定标题占位符，再单击艺术字样式重新应用。取消应用时，同样单击"艺术字样式"组中的"快速样式"按钮，从下拉菜单中单击"清除艺术字"选项。

02 统一替换幻灯片中使用的字体

练习素材：素材\第 14 章\原始文件\统一替换幻灯片中使用的字体 .pptx。

结果文件：素材\第 14 章\结果文件\统一替换幻灯片中使用的字体 .pptx。

如果想要将演示文稿中所有文本由"宋体"替换为"楷体"，则可以试试"替换字体"功能，一次能将字体替换好。

步骤 1 ▶ 单击"开始"选项卡"编辑"组中"替换"按钮右侧的向下箭头，在弹出的下拉列表中选择"替换字体"选项，打开如图 14-13 所示的"替换字体"对话框。在"替换为"下拉列表中选择"楷体"选项。

图 14-13　"替换字体"对话框

步骤 2 ▶ 关闭对话框，会发现演示文稿中的文本由"宋体"替换为"楷体"，如图 14-14 所示。

图 14-14　替换演示文稿中的字体

14.6 办公实例：财务报告演示文稿的制作

不论用户是公司的财务总监、财务经理、财务主管或财务分析人员，可能都需要经常向其他部门的同事、老板或董事会汇报公司的财务状况，说明公司取得的成绩或现在尚存在的问题等。本节将通过一个实例——财务报告演示文稿的制作，巩固与拓展本章所学的知识。

01 实例描述

本实例将介绍一般性财务报告演示文稿的制作，在制作过程中主要涉及以下内容：

➢ 在 Word 文档中设置大纲样式；
➢ 在 PowerPoint 中导入 Word 大纲；
➢ 设置幻灯片的字体格式；
➢ 设置幻灯片的段落格式；
➢ 设置正文内容的段落样式。

02 实例操作指南

练习素材：素材\第 14 章\原始文件\Word 大纲.docx。

练习素材：素材\第 14 章\原始文件\制作财务报告.pptx。

结果文件：素材\第 14 章\结果文件\制作财务报告.pptx。

步骤 1 ▶▶ 在 Word 中输入想要创建的幻灯片的内容，如图 14-15 所示。

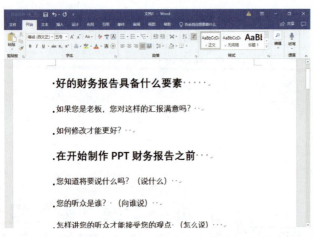

图 14-15 输入幻灯片的内容

步骤 2 ▶▶ 切换到大纲视图下，对不同段落应用不同的级别。先把想设置成幻灯片标题的段落设为 1 级，想设置成列表的段落设为 2 级或 3 级，如图 14-16 所示。

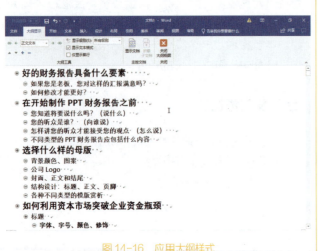

图 14-16 应用大纲样式

步骤 3 ▶▶ 保存文档并关闭 Word。在 PowerPoint 中，切换到功能区中的"开始"选项卡，单击"新建幻灯片"按钮，在弹出的菜单中选择"幻灯片（从大纲）"选项，如图 14-17 所示。

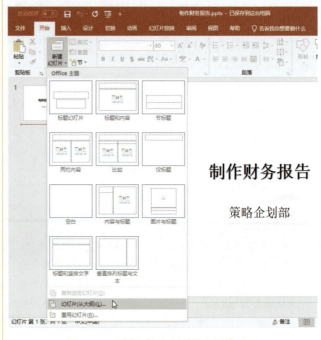

图 14-17 选择"幻灯片（从大纲）"选项

步骤 4 ▶▶ 打开如图 14-18 所示的"插入大纲"对话框，选择要插入的 Word 文档。

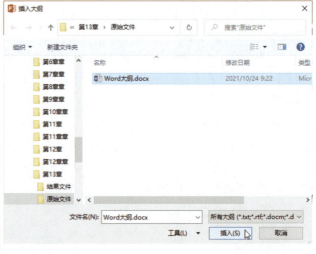

图 14-18 "插入大纲"对话框

步骤 5 ▶▶ 单击"插入"按钮，即可在当前演示文稿中插入新增加的幻灯片，如图 14-19 所示。单击左侧缩略图窗格中的其他幻灯片，可以在右侧显示该幻灯片的内容，如图 14-20 所示。

选定要设置间隔的段落,然后切换到功能区中的"开始"选项卡,在"段落"组中单击行距按钮,弹出如图 14-23 所示的下拉菜单。

图 14-19　插入新增加的幻灯片

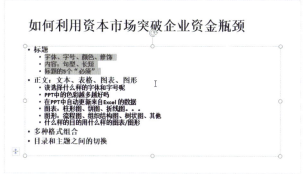

图 14-22　将选定的段落降一级

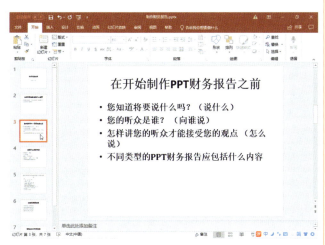

图 14-20　查看其他的幻灯片

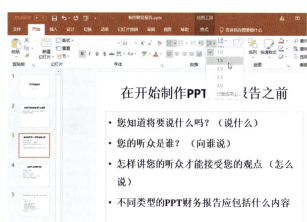

图 14-23　单击行距按钮

步骤 6 ▶▶ 如果发现幻灯片中正文的层级不正确,则可以将其选定,如图 14-21 所示。按 Tab 键,即可将选定的段落降为下一级,如图 14-22 所示。按 Shift+Tab 组合键可以让段落返回上一级。

步骤 8 ▶▶ 从行距下拉菜单中选择"行距选项"选项,打开如图 14-24 所示的"段落"对话框,在"段前"和"段后"文本框中可以输入段落与段落之间的距离。在"行距"下拉列表框中可以选择"多倍行距",在右侧的"设置值"文本框中输入具体的数值,单击"确定"按钮。

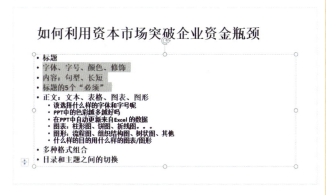

图 14-21　选定要降级的段落

图 14-24　"段落"对话框

步骤 7 ▶▶ 正文段落之间的间隔是可以调节的,先

步骤 9 ▶▶ 选定幻灯片中的正文后，将字体设置为"楷体"，如图14-25所示。

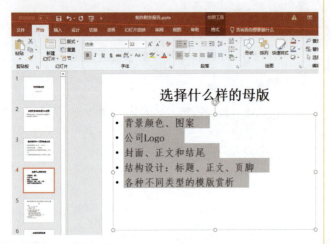

图14-25　设置正文字体

步骤 10 ▶▶ 选定要改变项目符号的段落，切换"开始"选项卡，单击"段落"组中的项目符号按钮，在弹出的菜单中选择一种项目符号，如图14-26所示。

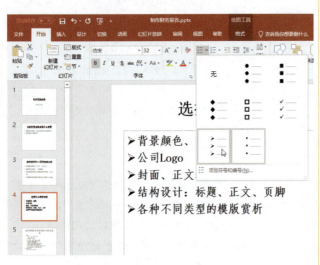

图14-26　选择项目符号

步骤 11 ▶▶ 制作完毕后，单击"保存"按钮，完成整个演示文稿的制作。

03 实例总结

本实例复习了本章中所讲的关于演示文稿中设置文本格式与段落格式的知识和操作方法，主要用到以下知识点：

➢ 在演示文稿中导入Word文档；
➢ 设置字体格式；
➢ 设置段落格式；
➢ 设置项目符号样式。

第 15 章 图文混排幻灯片的编排

前面已经介绍了如何在幻灯片中加入所要表达的文本，如果希望在幻灯片中加入漂亮的图片、图表、表格等对象，就会使演示文稿更加生动、有趣和富有吸引力。本章将介绍向幻灯片中插入对象的技巧，最后通过一个综合实例巩固所学内容。

通过本章的学习，读者能够掌握如下内容。

- ➢ 在幻灯片中插入表格与图表。
- ➢ 在幻灯片中插入图片与制作相册。

15.1 插入对象的方法

在 PowerPoint 2019 中新建幻灯片时，只要选择含有内容的版式，就会在内容占位符上出现内容类型选择按钮。单击其中的一个按钮，即可在该占位符中插入相应的对象，如图 15-1 所示。

图 15-1 利用占位符插入对象

15.2 插入表格

如果需要在演示文稿中添加有规律的数据，则可以使用表格来完成。PowerPoint 中的表格操作远比 Word 简单得多。

如果要向幻灯片中插入表格，则可以按照下述步骤进行操作。

步骤 1 单击占位符中的插入表格按钮，出现如图 15-2 所示的"插入表格"对话框。

图 15-2 "插入表格"对话框

步骤 2 在"列数"文本框中输入需要的列数，在"行数"文本框中输入需要的行数。

步骤 3 单击"确定"按钮，将表格插入幻灯片，如图 15-3 所示。

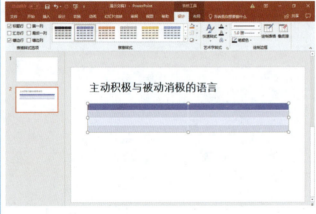

图 15-3 插入的表格

提示

要向已有的幻灯片中插入表格，可选择"插入"选项卡上的"表格"按钮，在出现的示意表格中拖动鼠标，选择表格的行数与列数。

插入表格后，插入点位于表格左上角的第一个单元格中，此时可以在插入点输入文本，如图 15-4 所示示。当一个单元格内的文本输入完毕后，按 Tab 键进入下一个单元格，也可以直接利用鼠标单击下一个单元格。如果希望回到上一个单元格，则按 Shift+Tab 组合键。

图 15-4　向表格中输入文本

由于在讲述 Word 和 Excel 时已详细讲述了表格的制作与编辑，因此这里不再赘述。

 15.3　插入图表

步骤 1 ▶ 单击内容占位符上的"插入图表"按钮，或者单击"插入"选项卡上的"图表"按钮，出现如图 15-5 所示的"插入图表"对话框。

步骤 2 ▶ 从左侧的列表框中选择图表类型后，在右侧列表中选择子类型，单击"确定"按钮。

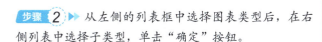

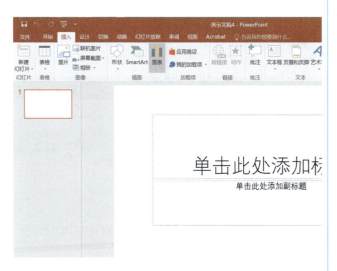

图 15-5　"插入图表"对话框

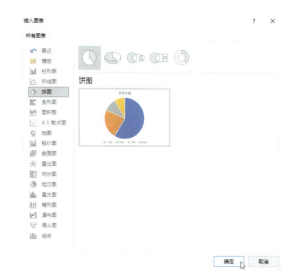

图 15-5　"插入图表"对话框（续）

步骤 3 ▶ 此时，自动启动 Excel，让用户在工作表的单元格中直接输入数据，如图 15-6 所示。

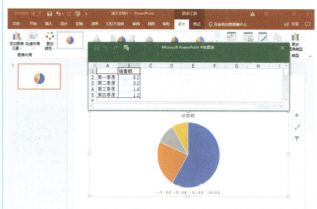

图 15-6　自动启动 Excel

步骤 4 ▶ 更改工作表中的数据，PowerPoint 的图表自动更新，如图 15-7 所示。

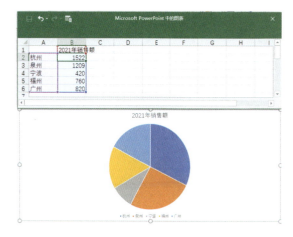

图 15-7　自动更新图表

步骤 5 输入数据后,可以单击 Excel 对话框右上角的"关闭"按钮。

步骤 6 用户可以利用"图表工具-设计"选项卡中的"图表布局"工具与"图表样式"工具快速设置图表的格式,如图 15-8 所示。

图 15-8 "图表样式"工具

15.4 插入图片

如果要向幻灯片中插入图片,则可以按照下述步骤进行操作。

步骤 1 在普通视图中,显示要插入图片的幻灯片。

步骤 2 切换到功能区中的"插入"选项卡,在"图像"组中单击"图片"按钮,出现如图 15-9 所示的"插入图片"对话框。

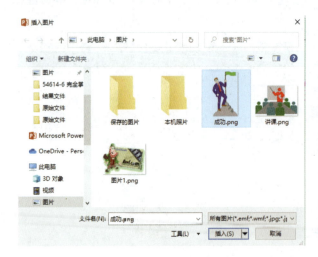

图 15-9 "插入图片"对话框

步骤 3 找到含有需要的图片文件。

步骤 4 单击文件列表框中的文件名,或者单击要插入的图片。

步骤 5 单击"插入"按钮,将图片插入幻灯片,如图 15-10 所示。

图 15-10 将图片插入幻灯片

接下来,可以在幻灯片中调整图片的位置和大小,并且可以利用"图片工具-格式"选项卡中的工具对图片进行美化。

提示

在幻灯片中插入视频文件

现在不少用户喜欢用手机录制一些视频,可以将这些视频插入 PPT 中。打开要插入视频文件的幻灯片,在"插入"选项卡的"媒体"组中单击"视频"按钮,在下拉菜单中单击"PC 上的视频"选项(见图 15-11),打开"插入视频文件"对话框,选择要插入的视频文件即可,如图 15-12 所示。

图 15-11 选择"PC 上的视频"选项

插入视频文件后,还可以对视频文件进行剪辑或设置相应的格式等。

第 15 章 图文混排幻灯片的编排

图 15-12 选择视频文件

15.5 办公实例：制作相册集

01 实例描述

前面已经介绍了插入图片与插入图表的应用，本节将通过制作相册集，来巩固与拓展本章所学的知识。

如果用户希望向演示文稿中添加一组喜爱的图片，又不想自定义每张图片，则可以使用 PowerPoint 2019 轻松创建一个作为相册集的演示文稿，播放该相册集宛如一场个人作品发表会。本实例将制作一份精美的相册集。

02 实例操作指南

步骤 1 ▶▶ 切换到功能区中的"插入"选项卡，在"图像"组中单击"相册"按钮，从下拉列表中选择"新建相册"选项，出现如图 15-13 所示的"相册"对话框。

步骤 2 ▶▶ 单击"文件/磁盘"按钮，出现如图 15-14 所示的"插入新图片"对话框。

步骤 3 ▶▶ 选择所需的图片文件后，单击"插入"按钮。

图 15-13 "相册"对话框

图 15-14 "插入新图片"对话框

步骤 4 ▶▶ 重复步骤 3 的操作，向相册中添加所需的图片。

步骤 5 ▶▶ 单击"新建文本框"按钮，可以插入说明性的文本框（需要在相册建立以后再编辑）。

步骤 6 ▶▶ 加入的图片可以利用"上移"和"下移"按钮调整顺序。

步骤 7 ▶▶ 选定其中一张图片，还可以利用"预览"

Word/Excel/PPT/PS
就这么高效

选项组中的按钮调整亮度、对比度等属性。

步骤 8 ▶ 如图 15-15 所示，在"相册版式"选项组中，可执行下列操作。

- ➢ 要选择相册中幻灯片上图片和文本框的版式，可选择"图片版式"列表框中的版式。
- ➢ 要为图片选择相框形状，可在"相框形状"列表框中选择。
- ➢ 要为相册选择设计模板，可单击"浏览"按钮，在"选择设计模板"对话框中定位要使用的设计模板，单击"选择"按钮。

图 15-15　调整相册的图片

步骤 9 ▶ 单击"创建"按钮，系统自动创建标题为"相册"的幻灯片，如图 15-16 所示。

步骤 10 ▶ 切换到其他幻灯片，就可以看到包含图片的幻灯片，如图 15-17 所示。

图 15-16　创建幻灯片

图 15-17　包含图片的幻灯片

03 实例总结

本实例介绍了制作相册集的方法，使用户制作的幻灯片与众不同。用户可以举一反三，制作饭店菜单、购物指南等。

第16章 演示文稿高级美化方法

制作一个完美的演示文稿，除了需要有杰出的创意和优秀的素材，提供专业的演示文稿外观同样非常重要。一个好的演示文稿，具有一致的外观风格才能产生良好的效果。PowerPoint 的一大特色就是可以使演示文稿中的幻灯片具有一致的外观。本章将介绍母版的使用、主题的使用、幻灯片的背景设置等，使读者更容易设置演示文稿的外观，最后通过一个综合实例巩固所学内容。

通过本章的学习，读者能够掌握如下内容。

- ➢ 使用母版制作风格统一的演示文稿。
- ➢ 快速设计母版的格式，将其应用到演示文稿的其他幻灯片。
- ➢ 通过主题快速美化演示文稿。
- ➢ 快速设计幻灯片的背景。

16.1 制作风格统一的演示文稿——母版的操作

幻灯片母版，实际上就是一张特殊的幻灯片，是一个用于构建幻灯片的框架。在演示文稿中，所有的幻灯片都基于幻灯片母版创建。如果更改幻灯片母版，则会影响所有基于该幻灯片母版而创建的幻灯片。

01 使用幻灯片母版

切换到功能区中的"视图"选项卡，在"母版视图"组中单击"幻灯片母版"按钮，进入幻灯片母版视图，如图16-1所示。

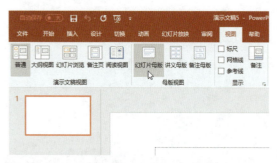

图16-1　幻灯片母版视图

幻灯片母版视图包括几个虚线框标注的区域，分别是标题区、对象区、日期区、页脚区和数字区，也就是前面所说的占位符。用户可以编辑这些占位符，如设置文字的格式，以便在幻灯片中输入文字时采用默认的格式。

02 一次更改所有的标题格式

练习素材：素材\第16章\原始文件\成功人士七种习惯（母版）.pptx。

结果文件：素材\第16章\结果文件\成功人士七种习惯（母版）.pptx。

幻灯片母版通常含有一个标题占位符，其余占位符根据选择版式的不同，可以是文本占位符、图表占位符、图片占位符等。

在标题区，单击"单击此处编辑母版标题样式"字样，即可激活标题区，选定其中的提示文字设置格式，如图16-2所示。

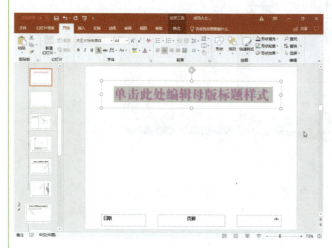

图16-2　设置标题的文本格式

单击"幻灯片母版"选项卡上的关闭母版视图按钮，返回到普通视图中，会发现每张幻灯片的标题格式均发生改变，如图16-3所示。为了查看整体效果，可以切换到幻灯片浏览视图中浏览。

图16-3　改变所有幻灯片标题的格式

03 为全部幻灯片插入 Logo 标志

练习素材：素材\第16章\原始文件\成功人士七种习惯（母版）.pptx。

结果文件：素材\第16章\结果文件\成功人士七种习惯（母版）.pptx。

用户可以在母版中加入任何对象（如图片、图形等），使每张幻灯片都自动出现该对象。例如，如果在母版中插入一张图片，则每张幻灯片都会显示该图片。

为了使每张幻灯片都插入 Logo 标志，可以向母版中插入 Logo 标志，操作步骤如下：

步骤 1 ▶ 在幻灯片母版中，切换到功能区中的"插入"选项卡，在"插图"选项组中单击"图片"按钮，打开如图 16-4 所示的"插入图片"对话框。

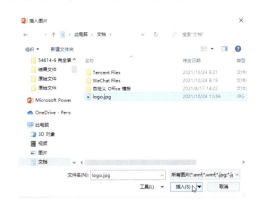

图 16-4 "插入图片"对话框

步骤 2 ▶ 选择所需的 logo 标志，单击"插入"按钮后，对 logo 标志的大小和位置进行调整。

步骤 3 ▶ 单击"幻灯片母版"选项卡上的"关闭母版视图"按钮，切换到幻灯片浏览视图，每张幻灯片均出现 Logo 标志，如图 16-5 所示。

图 16-5 每张幻灯片均出现 Logo 标志

16.2 通过主题美化演示文稿

练习素材：素材\第16章\原始文件\成功人士七种习惯（应用主题）.pptx。

主题包括一组主题颜色、一组主题字体（包括标题字体和正文字体）和一组主题效果（包括线条和填充效果）。通过应用主题，用户可以快速设置整个文档的格式。

如果要快速为幻灯片应用一种主题，则可以按照下述步骤进行操作。

步骤 1 ▶ 打开要应用主题的演示文稿。

步骤 2 ▶ 切换到功能区中的"设计"选项卡，在"主题"组中单击想要的文档主题，或者单击右侧的"其他"按钮，查看所有可用的主题，如图 16-6 所示。

图 16-6 查看所有可用的主题

步骤 3 如果某个主题还有许多变体（如不同的配色方案和字体系列），则可以从"变体"组中选择一种不同的效果。

16.3 设置幻灯片背景

在 PowerPoint 2019 中，向演示文稿中添加背景是指添加一种背景样式。背景样式是在当前主题中的主题颜色和背景亮度组合的背景填充变体。当更改演示文稿的主题时，背景样式会随之更新。

> **提示**
> 更改演示文稿的主题时，更改的不只是背景，还会更改颜色、标题和正文字体、线条和填充样式及主题效果的集合。

01 向演示文稿中添加背景样式

步骤 1 单击要添加背景样式的幻灯片。要选择多个幻灯片时，可在单击第一个幻灯片后，在按住 Ctrl 键的同时单击其他幻灯片。

步骤 2 切换到功能区中的"设计"选项卡，在"变体"组中单击"其他"按钮，再单击"背景样式"按钮的向下箭头，弹出"背景样式"菜单。

步骤 3 右击所需的背景样式后，从弹出的快捷菜单中执行下列操作之一，如图 16-7 所示。

- 要将该背景样式应用于所选幻灯片，可选择"应用于所选幻灯片"选项。
- 要将该背景样式应用于演示文稿中的所有幻灯片，可选择"应用于所有幻灯片"选项。
- 要替换所选幻灯片和演示文稿中使用相同幻灯片母版的任何其他幻灯片的背景样式，可选择"应用于相应幻灯片"选项。该选项仅在演示文稿中包含多个幻灯片母版时可用。

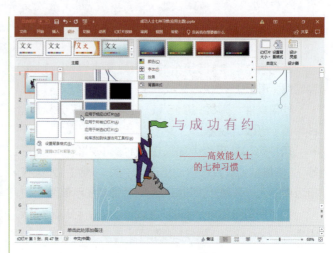

图 16-7 为幻灯片应用背景

02 自定义演示文稿的背景样式

如果内置的背景样式不符合需求，则可以自定义演示文稿的背景样式。具体操作步骤如下。

步骤 1 单击要添加背景样式的幻灯片。要选择多个幻灯片时，可在单击第一个幻灯片后，在按住 Ctrl 键的同时单击其他幻灯片。

步骤 2 切换到功能区中的"设计"选项卡，单击"自定义"组中的"设置背景格式"按钮，出现如图 16-8 所示的"设置背景格式"窗格。

步骤 3 在"填充"选项组中，可以指定"纯色填充""渐变填充"或"图片或纹理填充"等方式，并可以进一步设置相关的选项。

步骤 4 设置完毕后，单击"应用到全部"按钮。

图 16-8 "设置背景格式"窗格

16.4 办公实例：制作精美的"合同流程"演示文稿

本节将通过一个实例——制作精美的"合同流程"演示文稿，来巩固本章所学的知识，使读者能够真正将知识应用到实际工作中。

01 实例描述

本实例将设计"合同流程"演示文稿，在制作过程中主要涉及以下内容：

- 为"合同流程"设置一组新的母版；
- 为母版添加 Logo 标志；
- 设置母版的格式。

02 实例操作指南

结果文件：素材\第 16 章\结果文件\合同流程 .pptx。

步骤 1 ▶▶ 启动 PowerPoint 2019 并默认新建一个演示文稿，切换到功能区中的"视图"选项卡，在"母版视图"中单击"幻灯片母版"按钮，进入幻灯片母版视图，如图 16-9 所示。

图 16-9 进入幻灯片母版视图

步骤 2 ▶▶ 为母版标题绘制一个漂亮的双线外框，并为幻灯片设置渐变填充效果，单击"应用到全部"按钮，将会应用到其他幻灯片，如图 16-10 所示。

图 16-10 为母版设置外框和添加渐变填充效果

步骤 3 ▶▶ 为母版的标题栏绘制一个矩形框，并为矩形框添加边框和底纹，如图 16-11 所示。

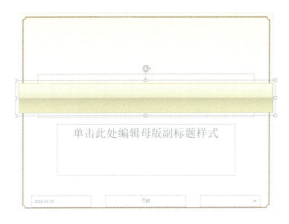

图 16-11 为矩形框添加边框和底纹

步骤 4 ▶▶ 右击绘制的文本框，在弹出的快捷菜单中选择"置于底层"→"置于底层"选项，如图 16-12 所示。

图 16-12 选择"置于底层"选项

步骤 5 ▶ 插入一个文本框后，利用"插入"选项卡中的"符号"按钮，在文本框中插入特殊符号并复制，制作一个比较个性的边框，如图 16-13 所示。

图 16-13　制作一个个性的边框

步骤 6 ▶ 复制该边框并放到标题栏的下方后，标题母版的制作就完成了，如图 16-14 所示。

图 16-14　完成标题母版的制作

步骤 7 ▶ 单击左侧窗格中的"标题和内容"母版缩略图，单击"插入"选项卡中的"联机图片"按钮，打开如图 16-15 所示的对话框，在文本框中输入关键字后，按 Enter 键开始搜索。单击选中的 Logo 标志后，单击"插入"按钮将其插入母版，如图 16-16 所示。这样，所有的幻灯片都会出现 Logo 标志。

图 16-15　"联机图片"对话框

图 16-16　将 Logo 标志插入母版

步骤 8 ▶ 母版文字分为第一级～第五级，可以根据层级分别设置文本样式，如图 16-17 所示。设置完毕后，单击"幻灯片母版"选项卡中的"关闭母版视图"按钮。

图 16-17　设置母版文本样式

步骤 9 ▶ 在标题的占位符中输入标题文本，如图 16-18 所示。

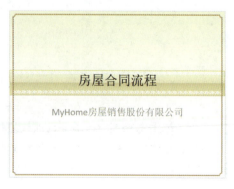

图 16-18　输入标题文本

步骤 10 ▶ 新建正文幻灯片后，在其中输入正文内容，可以看到其中的正文会自动套用相应的母版样式，每个正文幻灯片均显示 Logo 标志，如图 16-19 所示。

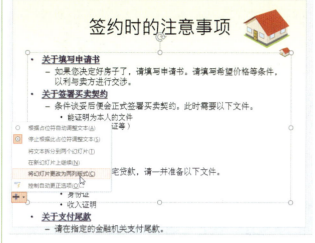

图 16-20 自动调整选项列表

图 16-19 新建的正文幻灯片

步骤 11 ▶ 当输入的内容太多，超过文本框的范围时，会在左下角显示一个自动调整选项按钮，单击该按钮，弹出如图 16-20 所示的列表。

步骤 12 ▶ 从自动调整选项列表中选择"将幻灯片更改为两列版式"选项，即可将当前版式改为两列并排，如图 16-21 所示。

图 16-21 自动调整版式

步骤 13 ▶ 单击快速启动工具栏上的"保存"按钮，将创建的演示文稿保存起来。

03 实例总结

本实例复习了本章中所讲的关于设置母版的知识和操作方法，主要用到以下知识点：

➢ 设置母版的版式；
➢ 在母版中添加图片与修改格式；
➢ 利用母版创建演示文稿。

第 17 章 制作动画效果的演示文稿

为幻灯片设置动画，可以让原本静止的演示文稿更加生动。PowerPoint 2019 提供的动画效果非常生动、有趣，操作起来非常简便。通过本章的学习，读者可以掌握在 PowerPoint 中如何应用动画效果，包括使用动画方案、自定义动画和添加切换效果等，从而制作出生动形象的演示文稿，最后通过一个综合实例巩固所学内容。

通过本章的学习，读者能够掌握如下内容。

- ➢ 灵活设置幻灯片与幻灯片之间的切换效果。
- ➢ 快速为幻灯片添加动画效果。
- ➢ 使用自定义动画让演示文稿更具活力。

第 17 章　制作动画效果的演示文稿

17.1 设置幻灯片的切换效果

练习素材：素材\第 17 章\原始文件\设置幻灯片的切换效果 .pptx。

结果文件：素材\第 17 章\结果文件\设置幻灯片的切换效果 .pptx。

幻灯片切换效果是指两张连续幻灯片之间的过渡效果，也就是从一张幻灯片转到下一张幻灯片之间要呈现出什么样貌。用户可以设置幻灯片的切换效果，使幻灯片以多种不同的方式呈现在屏幕上，并且可以在切换时添加声音。

设置幻灯片切换效果的操作步骤如下。

步骤 1 ▶▶ 在普通视图左侧的幻灯片窗格中单击某个幻灯片的缩略图。

步骤 2 ▶▶ 切换到功能区中的"切换"选项卡，在"切换到此幻灯片"组中单击一个幻灯片切换效果，如图 17-1 所示。

图 17-1　选择幻灯片切换效果

步骤 3 ▶▶ 要设置幻灯片切换效果的速度，可在"持续时间"文本框中输入幻灯片切换的速度值，如图 17-2 所示。

图 17-2　设置幻灯片切换效果的速度

步骤 4 ▶▶ 在"声音"下拉列表框中选择幻灯片切换时的声音，如图 17-3 所示。如果选中"播放下一段声音之前一直循环"选项，则会在进行幻灯片放映时连续播放声音，直到出现下一个声音。

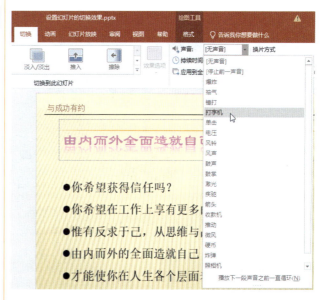

图 17-3　设置幻灯片切换时播放的声音

步骤 5 ▶▶ 在"换片方式"选项组中，可以设置幻灯片切换的换页方式。如果选择"单击鼠标时"复选框，则可以在幻灯片放映过程中单击鼠标来切换到下一页；如果为每张幻灯片设置播放时长，则可以选中"设置自动换片时间"复选框，自动切换幻灯片。

步骤 6 ▶▶ 如果单击"应用到全部"按钮，则会将切换效果应用于整个演示文稿。

17.2 快速创建动画

练习素材：素材\第17章\原始文件\快速创建动画.pptx。

结果文件：素材\第17章\结果文件\快速创建动画.pptx。

PowerPoint 2019 提供了"标准动画"功能，可以快速创建动画。具体操作步骤如下。

步骤 1 ▶▶ 在普通视图中选择要制作动画的对象。

步骤 2 ▶▶ 切换到功能区中的"动画"选项卡，从"动画"组的"动画"列表中选择所需的动画效果，如图 17-4 所示。此时，对象旁边出现一个"1"，表示已添加了动画。

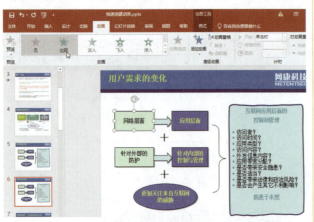

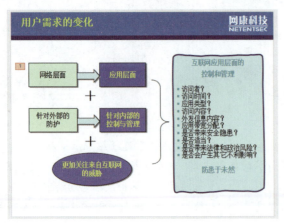

图 17-4 选择动画效果

17.3 使用自定义动画

练习素材：素材\第17章\原始文件\自定义动画.pptx。

结果文件：素材\第17章\结果文件\自定义动画.pptx。

如果用户对软件提供的动画不太满意，则可以为幻灯片的文本和对象自定义动画。PowerPoint 中，动画效果的应用可以通过"自定义动画"任务窗格完成，操作过程更加简单，可供选择的动画样式更加多样化。

如果要为幻灯片中的文本和其他对象设置动画效果，可以按照下述步骤进行操作。

步骤 1 ▶▶ 在普通视图中，显示包含要设置动画效果的文本或对象的幻灯片。

步骤 2 ▶▶ 切换到"动画"选项卡，单击"高级动画"组中的"添加动画"按钮，弹出"添加动画"下拉菜单。例如，为了给幻灯片的标题设置进入的动画效果，可以选择"进入"选项组中的一种动画效果，如图 17-5 所示。

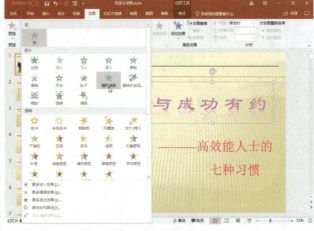

图 17-5 选择"进入"的动画效果

步骤 3 ▶▶ 如果"进入"选项组中列出的动画效果不能满足用户的要求，则可以选择"更多进入效果"选项。

步骤 4 ▶▶ 打开如图 17-6 所示的添加进入效果对话框，选中"预览效果"复选框，可以立即预览选择的动画效果。图 17-7 为预览效果。

第 17 章 制作动画效果的演示文稿

图 17-6 添加进入效果对话框

图 17-7 预览效果

图 17-8 设置动画开始方式

步骤 5 ▶▶ 动画设置完毕后，单击"确定"按钮。

> 提示

"添加动画"菜单包括"进入""强调""退出"和"动作路径"4 个选项组。"进入"选项组用于设置在幻灯片放映时文本以及对象进入放映界面时的动画效果；"强调"选项组用于演示过程中对需要强调部分设置的动画效果；"退出"选项组用于设置在幻灯片放映时相关内容退出时的动画效果；"动作路径"选项用于指定相关内容放映时动画所通过的运动轨迹。

01 删除动画效果

删除自定义动画效果的方法很简单，可以通过下面两种方法来完成。

➤ 选择要删除动画的对象后，在"动画"选项卡的"动画"组中选择"无"选项。

➤ 在"动画"选项卡的"高级动画"组中单击"动画窗格"按钮，在列表区域中右击要删除的动画后，在弹出的快捷菜单中选择"删除"选项。

02 设置动画的开始方式

动画的开始方式一般分为三种：单击时、与上一动画同时和上一动画之后。下面分别介绍这三种动画开始方式的区别及效果。打开练习素材，选择第 2 张幻灯片后，打开"动画窗格"，在列表中单击第 2 个动画，激活上方的设置选项。单击"开始"下拉按钮，在弹出的下拉列表中显示了三种开始方式，如图 17-8 所示。

➤ 单击时：当前动画在上一动画播放后，通过单击鼠标左键开始播放。当前动画的序号为前一个动画序号 +1。

➤ 与上一动画同时：当前动画与前一个动画同时开始播放，当前动画的序号与前一个动画的序号相同，如图 17-9 所示。

图 17-9 选择"与上一动画同时"选项

➤ 上一动画之后：当前动画在前一个动画播放后自动开始播放，当前动画的序号与前一个动画的序号相同，如图 17-10 所示。

图 17-10 选择"上一动画之后"选项

03 调整动画效果的播放速度

用户可以单击"动画"选项卡的"预览"按钮,预览当前幻灯片的动画效果。如果觉得动画效果的播放速度不太合适,则可以调整动画效果的播放速度。具体操作步骤如下。

步骤 1 在动画窗格中选定要调整播放速度的动画效果。

步骤 2 切换到"动画"选项卡,在"计时"组的"持续时间"文本框中输入动画的播放时间,如图 17-11 所示。

图 17-11 调整播放速度

04 为动画添加声音效果

如果要将声音与动画联系起来,则可以按照下述步骤进行操作。

步骤 1 在动画窗格中选定要添加声音的动画名称。

步骤 2 单击动画名称右侧的向下箭头,从下拉列表中选择"效果选项"选项,如图 17-12 所示。

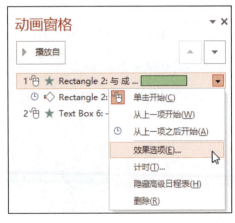

图 17-12 选择"效果选项"选项

步骤 3 弹出如图 17-13 所示的"向内溶解"对话框(对话框的名字与选择的动画名字对应),在"声音"下拉列表中选择要增强的声音。

图 17-13 选择增强的声音

步骤 4 在使用声音时,除内置的增强声音外,用户还可以选择"其他声音"选项(见图 17-14),在出现的"添加音频"对话框中指定声音文件(见图 17-15)即可。

图 17-14 选择"其他声音"选项

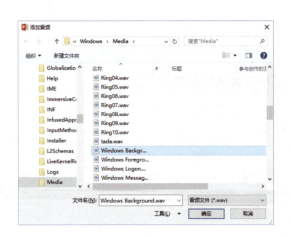

图 17-15 指定声音文件

17.4 办公实例：制作"工作进度"动画演示文稿

为幻灯片的文字、图表、图片设置动画，可以在报告时更吸引观众的注意。本节通过制作"工作进度"动画演示文稿来巩固本章所学的知识：

01 实例描述

本实例将制作"工作进度"动画演示文稿，在制作过程中主要涉及以下内容。

- 为幻灯片对象添加动画效果；
- 修改动画效果；
- 设置幻灯片切换效果。

02 实例操作指南

练习素材：素材\第17章\原始文件\工作进度.pptx。

结果文件：素材\第17章\结果文件\工作进度.pptx。

步骤1 选定文字，切换到"动画"选项卡，单击"动画"组中的其他按钮，如图17-16所示。

图17-16 单击"动画"组中的其他按钮

步骤2 从下拉列表中选择"进入"选项组中的"形状"选项，如图17-17所示。

图17-17 选择"形状"选项

步骤3 利用"效果选项"按钮更改飞入的方向，如图17-18所示，利用"持续时间"文本框更改显示速度。

图17-18 修改方向与速度

步骤4 选择要更改的段落后，单击要更改的动画，从下拉列表中选择相应的选项，如图17-19所示。

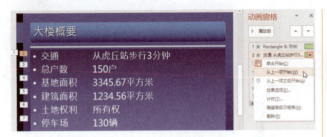

图 17-19　修改动画效果

步骤 5 ▶▶ 在幻灯片浏览窗格中选定第一张幻灯片缩略图，切换到功能区中的"切换"选项卡，在"切换到此幻灯片"组中单击其他按钮，选择"细微"选项组的"擦除"选项，如图 17-20 所示。

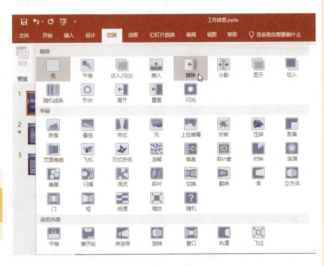

图 17-20　选择"擦除"选项

步骤 6 ▶▶ 在"计时"组中单击"应用到全部"按钮，如图 17-21 所示。

图 17-21　单击"应用到全部"按钮

步骤 7 ▶▶ 完成后，保存演示文稿，可按 F5 键从第一张幻灯片开始播放。

03 实例总结

本实例复习了在演示文稿中添加动画效果的知识和操作方法，主要用到以下知识点：

➢ 设置幻灯片中对象的动画效果；
➢ 设置幻灯片之间的切换效果。

第18章 演示文稿的放映与输出

制作演示文稿的最终目的只有一个,就是为观众放映演示文稿。通过本章的学习,读者将学会如何放映演示文稿,包括启动幻灯片放映、控制幻灯片放映、对幻灯片进行标注、幻灯片放映的高级控制等,最后通过一个综合实例巩固所学内容。

通过本章的学习,读者能够掌握如下内容。

- 灵活控制幻灯片的放映过程。
- 在幻灯片放映过程中对重点地方进行标注。
- 设置放映时间,让幻灯片自动播放。
- 演示文稿的打包与输出。

Word/Excel/PPT/PS 就这么高效

18.1 启动幻灯片放映

在 PowerPoint 中打开演示文稿后，启动幻灯片放映的操作方法有以下几种。

- 单击状态栏右侧的幻灯片放映按钮 。
- 单击"幻灯片放映"选项卡的"开始放映幻灯片"组中的"从头开始"按钮。
- 按 F5 键。

18.2 手动放映幻灯片

在实际放映幻灯片时，如果是人工放映，则一般是通过鼠标单击后才进入下一幻灯片的放映。控制幻灯片放映的具体操作步骤如下。

步骤 1 ▶▶ 打开要放映的演示文稿。

步骤 2 ▶▶ 切换到功能区中的"幻灯片放映"选项卡，在"开始放映幻灯片"组中单击"从头开始"选项，即可放映演示文稿。

步骤 3 ▶▶ 在放映的过程中，右击屏幕的任意位置，利用弹出快捷菜单中的选项控制幻灯片的放映，如图 18-1 所示。

图 18-1 控制幻灯片的放映

图 18-1 控制幻灯片的放映（续）

在放映过程中移动鼠标指针，屏幕的左下角会显示快捷工具栏，其中包括一些控制放映的工具。

- 单击下一张按钮，可以切换到下一张幻灯片；选择上一张按钮，可以返回到上一张幻灯片。
- 单击笔按钮，可以选择笔、激光笔、荧光笔等，可在幻灯片放映中对重点地方进行标注，还可以选择笔的颜色。
- 单击查看所有幻灯片按钮，可以切换到幻灯片浏览视图，单击某个幻灯片缩略图，即可从该幻灯片开始继续播放。
- 单击放大按钮，将鼠标指针移到幻灯片中需要放大的位置，单击鼠标左键，即可放大该区域，能够将观众的注意力引向要点。要恢复到正常显示，可以用鼠标右键单击幻灯片。
- 单击更多幻灯片放映选项按钮，在弹出的菜单中可以选择"上次查看过的""自定义放映""显示演示者视图"等选项。

18.3 放映时边讲解边标记

为了标注幻灯片，可以按照下述步骤操作。

步骤 1 ▶ 进入幻灯片放映状态,单击快捷工具栏上的"笔"按钮,从弹出的菜单中选择一种墨迹颜色后,单击"笔"或"荧光笔"。

步骤 2 ▶ 用鼠标在幻灯片上书写,如图 18-2 所示。

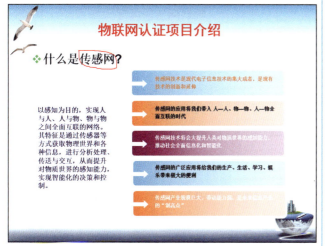

图 18-2 标注幻灯片

步骤 3 ▶ 如果要使鼠标指针恢复箭头形状,则可以按一次 Esc 键。

 提 示

在"笔"菜单中单击"激光笔"选项,此时鼠标指针就像小激光笔一样发光,可以指着幻灯片的重点部分,提醒观众注意。

如果要清除涂写的墨迹,则可以单击快捷工具栏上的"笔"按钮,从弹出的菜单中选择"橡皮擦"选项,将橡皮擦拖到要删除的墨迹上即可清除。

如果要清除当前幻灯片上的所有墨迹,则可从菜单中选择"擦除幻灯片上的所有墨迹"选项,或者按 E 键。

第 18 章 演示文稿的放映与输出

 提 示

在放映幻灯片期间添加墨迹后,在退出幻灯片放映时会出现如图 18-3 所示的提示对话框。如果单击"放弃"按钮,则墨迹就永久丢失了;如果单击"保留"按钮,则墨迹在下次编辑演示文稿时仍然可用。

图 18-3 提示是否保留墨迹注释的对话框

18.4 设置幻灯片自动放映

前面介绍了幻灯片的基本放映功能,放映幻灯片时,可以通过单击的方法人工切换幻灯片,还可以为幻灯片设置自动切换特性,例如在展览会上,许多无人操作的展台前,大型投影仪会自动切换幻灯片。

用户可以通过两种方法设置幻灯片在屏幕上显示时间的长短:第一种方法是人工为每张幻灯片设置时间,再运行幻灯片放映查看设置的时间是否恰到好处;第二种方法是使用排练计时功能,在排练时自动记录时间。

01 人工设置放映时间

如果要人工设置幻灯片的放映时间(例如,每隔 6 秒就自动切换到下一张幻灯片),可以按照下述步骤进行操作。

步骤 1 ▶ 切换到幻灯片浏览视图,选定要设置放映时间的幻灯片。

步骤 2 ▶ 单击"切换"选项卡,在"计时"组内选中"设置自动换片时间"复选框,在右侧的文本框中输入希望幻灯片在屏幕上显示的秒数,如图 18-4 所示。

图 18-4 设置幻灯片的放映时间

步骤 3 如果单击"应用到全部"按钮，则所有幻灯片的换片时间间隔将相同；否则，设置的是选定幻灯片切换到下一张幻灯片的时间。

步骤 4 设置其他幻灯片的换片时间间隔。此时，在幻灯片浏览视图中，会在幻灯片缩略图的左下角显示每张幻灯片的放映时间。

02 使用排练计时实现自动放映

放映演示文稿时可以在排练幻灯片放映的过程中自动记录幻灯片之间切换的时间间隔。具体操作步骤如下。

步骤 1 打开要使用排练计时功能的演示文稿。

步骤 2 切换到功能区中的"幻灯片放映"选项卡，在"设置"组中单击"排练计时"按钮，系统将切换到幻灯片放映视图，如图 18-5 所示。

步骤 3 在放映过程中，屏幕上会出现如图 18-6 所示的"录制"工具栏。要播放下一张幻灯片，可单击下一项按钮，即可在幻灯片放映时间框中开始记录新幻灯片的时间。

步骤 4 排练放映结束后，会出现如图 18-7 所示的对话框，显示幻灯片放映所需的时间，如果单击"是"按钮，则接受排练的时间；如果单击"否"按钮，则取消本次排练的时间。

完成上述设置后，进入幻灯片放映时即可按照排练计时设置的时间自动播放，无须使用鼠标单击。

图 18-5 幻灯片放映时，开始计时

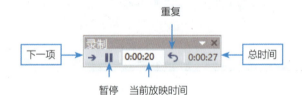

图 18-6 "录制"工具栏

图 18-7 显示幻灯片放映所需的时间

18.5 演示文稿的打包与输出

如果希望与他人同时观看或共同编辑

演示文稿，则可以使用多种方法分发演示文稿，如将演示文稿打包到文件、将演示文稿转换为视频文件等。

01 演示文稿的打包

许多用户都有过这样的经历，在自己计算机中放映顺利的演示文稿，当复制到其他计算机中播放时，原来插入的声音和视频都不能播放了，或者字体也不能正常显示了。要解决这样的问题，可以使用 PowerPoint 2019 的打包功能，将演示文稿用到的素材打包到一个文件夹中。打包后的文件在任何地方都可正常显示与播放。

如果要打包演示文稿，则可以按照下述步骤进行操作。

步骤 1 ▶▶ 打开要打包的演示文稿。

步骤 2 ▶▶ 单击"文件"选项卡，在弹出的菜单中选择"导出"→"将演示文稿打包成CD"选项后，单击"打包成CD"按钮，如图18-8所示。

图 18-9 "打包成 CD"对话框

图 18-10 "选项"对话框

步骤 6 ▶▶ 单击"确定"按钮，保存设置并关闭"选项"对话框，返回到"打包成CD"对话框。

步骤 7 ▶▶ 单击"复制到文件夹"按钮，打开如图18-11所示的"复制到文件夹"对话框，可以将当前文件复制到指定的位置，单击"确定"按钮。

图 18-8 单击"打包成 CD"按钮

步骤 3 ▶▶ 出现如图18-9所示的"打包成CD"对话框，在"将CD命名为"文本框中输入打包后演示文稿的名称。

步骤 4 ▶▶ 单击"添加"按钮，可以添加多个演示文稿。

步骤 5 ▶▶ 单击"选项"按钮，出现如图18-10所示的"选项"对话框，可以设置是否包含链接的文件，是否包含嵌入的TrueType字体，还可以设置打开演示稿的密码等。

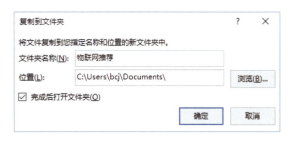

图 18-11 "复制到文件夹"对话框

提示

如果用户的电脑配有刻录机，并且购买了刻录光盘，则可以单击"复制到CD"按钮，将当前的PPT文件刻录到光盘中保存。

步骤 8 弹出如图 18-12 所示的提示对话框，提示程序会将链接的媒体文件复制到计算机，直接单击"是"按钮。

图 18-12　提示对话框

步骤 9 打开指定的文件夹，可以看到打包的文件夹和文件，如图 18-13 所示。

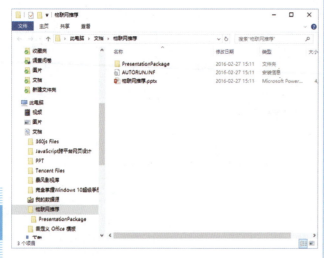

图 18-13　显示打包的文件夹和文件

02 将演示文稿转换为视频文件

练习素材：素材\第 18 章\原始文件\物联网推荐.pptx。

结果文件：素材\第 18 章\结果文件\物联网推荐.wmv。

步骤 1 单击"文件"选项卡，在展开的菜单中选择"导出"选项，在"导出"选项组中单击"创建视频"选项。

步骤 2 在右侧的"创建视频"选项组中选择演示文稿质量，在弹出的下拉列表中选择视频文件的分辨率，如图 18-14 所示。

步骤 3 如果要在视频文件中使用计时和旁白，则可以选择"使用录制的计时和旁白"选项。

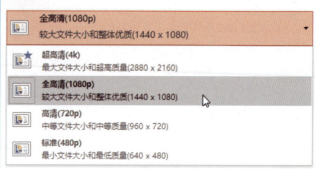

图 18-14　选择视频文件的分辨率

步骤 4 单击"创建视频"按钮，弹出如图 18-15 所示的"另存为"对话框，选择视频文件保存的位置，在"文件名"文本框中输入视频文件名后，单击"保存"按钮。

图 18-15　"另存为"对话框

步骤 5 此时，在 PowerPoint 演示文稿的状态栏中会显示演示文稿创建为视频的进度。当完成制作视频进度后，则成功将演示文稿创建为视频。

以后，只要在文件夹下双击创建的视频文件，即可开始播放该演示文稿。

18.6 办公实例："杭州游记"的预演

本节将通过一个实例——"杭州游记"的预演来巩固本章所学的知识，使读者能够真正将知识应用到实际工作中。

01 实例描述

如今，旅游时用相机记录美景已成为时尚。本节将预演"杭州游记"，在制作过程中主要涉及以下内容：

- 录制幻灯片；
- 设置幻灯片放映方式；
- 放映幻灯片并添加标注。

02 实例操作指南

结果文件：素材\第18章\结果文件\杭州游记.pptx。

步骤 1 ▶ 启动 PowerPoint 2019，打开演示文稿"杭州游记"。切换到功能区中的"幻灯片放映"选项卡，在"设置"组中单击"录制幻灯片演示"按钮，在弹出的菜单中选择"从头开始录制"选项，如图18-16所示。

步骤 2 ▶ 此时，系统切换到全屏放映模式下，可以做好录制前的准备，如设置荧光笔的颜色等，如图18-17所示。

步骤 3 ▶ 单击录制按钮，开始对着话筒进行声音的输入，录制完一页后单击进入下一页，如图18-18所示。

步骤 4 ▶ 录制结束后，切换到幻灯片浏览视图下，可以看到在每张幻灯片中添加了声音图标，在其下方显示幻灯片的播放时间，如图18-19所示。

图18-16 选择"从头开始录制"选项

图18-17 准备录制

图18-18 开始录制幻灯片

步骤 5 ▶ 切换到功能区中的"幻灯片放映"选项卡，在"设置"组中单击"设置幻灯片放映"按钮，弹出如图18-20所示的"设置放映方式"对话框。在"放映类型"选项组内选中"演讲者放映（全屏幕）"单选按钮，单击"确定"按钮。

图 18-19　显示声音图标和幻灯片的播放时间

图 18-21　选择"笔"选项

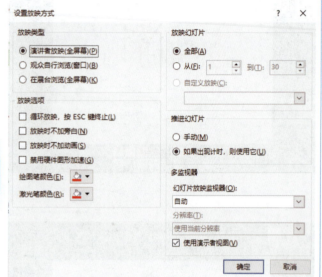

图 18-20　"设置放映方式"对话框

图 18-22　选择墨迹颜色

步骤 6 ▶▶ 切换到功能区中的"幻灯片放映"选项卡，在"开始放映幻灯片"组中单击"从头开始"按钮，即可开始播放幻灯片。

步骤 7 ▶▶ 在播放过程中右击屏幕，在弹出的快捷菜单中选择"指针选项"→"笔"选项，如图 18-21 所示。

步骤 8 ▶▶ 右击屏幕，在弹出的快捷菜单中选择"指针选项"→"墨迹颜色"选项，在"颜色"面板中选择"橙色"选项，如图 18-22 所示。

步骤 9 ▶▶ 单击并拖动鼠标指针，在幻灯片中使用"笔"对幻灯片进行标注，如图 18-23 所示。

图 18-23　标注幻灯片

第 18 章 演示文稿的放映与输出

步骤 10 ▶ 右击屏幕，在弹出的快捷菜单中选择"指针选项"→"箭头选项"→"自动"选项，如图 18-24 所示。

步骤 11 ▶ 单击屏幕继续放映演示文稿，直到演示文稿放映结束，如图 18-25 所示。

图 18-25 放映演示文稿

图 18-24 选择"自动"选项

03 实例总结

本实例复习了本章所讲的关于设置演示文稿的放映及控制放映过程的知识和操作方法，主要用到本章所学以下知识点：

➢ 录制幻灯片；
➢ 隐藏或显示鼠标指针；
➢ 标注幻灯片。

第五部分
精彩纷呈：Photoshop 应用技巧

第19章

初识 Photoshop

本章讲解 Photoshop 的基本操作，包括认识工作界面、图像处理流程、使用标尺和参考线、设置暂存盘、使用内存、设置显示颜色等内容。

第 19 章　初识 Photoshop

　**19.1　认识工作界面**

　实例目的

了解 Photoshop 2021 的工作界面。

　实例要点

- "打开"命令的使用。
- 界面中各个功能的使用。

　操作步骤

步骤 1 ▶ 执行菜单栏中"文件"→"打开"命令，打开随书附带的"第 19 章 / 素材 / 详情广告区"文件，Photoshop 2021 的工作界面如图 19-1 所示。

图 19-1　工作界面

步骤 2 ▶ 菜单栏位于整个窗口的顶端，显示了当前菜单的名称，以及用于控制文件窗口大小的窗口最小化、窗口最大化（还原窗口）、关闭窗口等按钮。

步骤 3 ▶ Photoshop 2021 的菜单栏由"文件""编辑""图像""图层""文字""选择""滤镜""3D""视图""窗口"和"帮助"等 11 类菜单组成，包含了操作时使用的所有命令。要使用菜单中的命令，只需将鼠标光标指向菜单中的某项并单击，此时将显示相应的下拉菜单。在下拉菜单中上下移动鼠标并选择后，再单击要执行的命令。图 19-2 为执行菜单栏中"图像"→"图像旋转"命令后的下拉菜单。

图 19-2　下拉菜单

 技巧

如果菜单中的命令呈现灰色，则表示该命令在当前编辑状态下不可用；如果在菜单右侧有一个三角符号 ▶，则表示此菜单包含有子菜单，只要将鼠标移动到该菜单上，即可打开子菜单；如果在菜单右侧有省略号…，则执行此菜单时将会弹出与之有关的对话框。

步骤 4 ▶ Photoshop 的工具箱位于工作界面的左侧，所有工具全部放置到工具箱中。要使用工具箱中的工具，只要单击图标即可。如果图标中还有其他工具，则单击鼠标右键即可弹出子工具栏，选择其中的工具单击即可，图 19-3 为 Photoshop 的工具箱（此工具箱为 2021 版本的）。

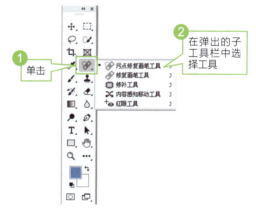

图 19-3　工具箱

 技巧

Photoshop 从 PS3 版本后，只要在工具箱顶部单击三角形转换符号，就可以将工具箱的形状在单长条和短双条之间变换。

181

步骤 5 ▶ Photoshop 的属性栏（选项栏）提供了控制工具属性的选项，显示内容根据所选工具的不同而发生变化。选择相应的工具后，Photoshop 的属性栏（选项栏）将显示该工具可使用的功能和可进行的编辑操作等。属性栏一般固定在菜单栏的下方。图 19-4 就是在工具箱中单击 ▭（矩形选框工具）后所显示的属性栏。

图 19-4 矩形选框工具属性栏

步骤 6 ▶ 工作窗口是用于绘制、处理图像的。用户可以根据需要执行菜单栏中"视图"→"显示"命令中的选项来控制工作窗口中的显示内容。

步骤 7 ▶ 面板组是放置面板的地方，根据设置工作区域的不同会显示与工作相关的面板，如"图层"面板、"通道"面板、"路径"面板、"样式"面板和"颜色"面板等，默认停留在窗口的右侧，用户可以随时切换以访问不同的面板内容。

步骤 8 ▶ 状态栏在整个窗口的底部，用来显示当前打开文档的一些信息，如图 19-5 所示。单击 ▶ 打开子菜单，即可显示状态栏包含的所有可显示选项。

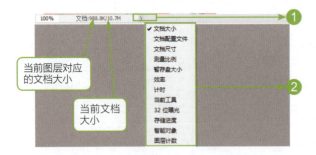

图 19-5 状态栏

其中的各项含义如下：

- 文档大小：在图像所占空间中显示当前所编辑图像的文档大小。
- 文档配置文件：在图像所占空间中显示当前所编辑图像的图像模式，如 RGB 颜色、灰度、CMYK 颜色等。
- 文档尺寸：显示当前所编辑图像的尺寸大小。
- 测量比例：显示当前进行测量时的比例尺。
- 暂存盘大小：显示当前所编辑图像占用暂存盘的大小。
- 效率：显示当前所编辑图像操作的效率。
- 计时：显示当前所编辑图像操作所用时间。
- 当前工具：显示当前编辑图像时用到的工具。
- 32 位曝光：编辑图像曝光只在 32 位图像中起作用。
- 存储进度：显示后台存储文档时的时间进度。
- 智能对象：显示当前文档中的智能对象数量。
- 图层计数：记录当前文档中存在的图层和图层组的数量。

19.2 认识图像处理流程

01 实例目的

了解新建文件、打开文件、保存文件的一些基础知识和图像处理流程。

02 实例要点

- "新建"、"打开"和"保存"命令的使用。
- 移动工具的使用。
- "缩放"命令的使用。
- 填充前景色。

03 操作步骤

步骤 1 ▶ 执行菜单栏中"文件"→"新建"命令或按快捷键 Ctrl+N，打开"新建文档"对话框，将其命名为"新建文档"，设置文件的"宽度"为 1280 像素，"高度"为 800 像素，"分辨率"为 72 像素/英寸，在"颜色模式"中选择"RGB 颜色"，选择"背景内容"为"白色"，如图 19-6 所示。

步骤 2 ▶ 单击"创建"按钮后，系统会新建一个白色背景的空白文档，如图 19-7 所示。

步骤 3 ▶ 执行菜单栏中"文件"→"打开"命令，打开随书附带的"第 19 章/素材/创意图片"文件，如图 19-8 所示。

第 19 章　初识 Photoshop

图 19-6　"新建文档"对话框

图 19-9　命名

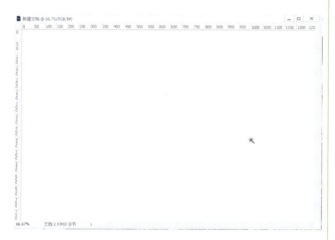

图 19-7　新建空白文档

图 19-10　缩小图像

图 19-8　素材

技巧

　　按住键盘上的 Shift 键拖曳控制点，将会等比例缩放对象；按住键盘上的 Shift+Alt 键拖曳控制点，将会从变换中心点开始等比例缩放对象。

步骤 4　在工具箱中选择 ⊕（移动工具），拖曳创意图片到刚刚新建的空白文档中，在"图层"面板的新建图层名称上双击鼠标左键，将其命名为"相拥"，如图 19-9 所示。

步骤 5　执行菜单栏中"编辑"→"变换"→"缩放"命令，调出缩放变换框，拖曳控制点将图像缩小，如图 19-10 所示。

步骤 6　按键盘上的 Enter 键，确认对图像的变换操作。在"图层"面板中选中"背景"图层，按键盘上的 Alt+Delete 键将背景填充为默认的前景色，如图 19-11 所示。

图 19-11 填充

步骤 7 ▶ 执行菜单栏中"文件"→"另存为"命令，弹出"另存为"对话框，选择文件存储的位置，设置"文件名"为"认识图像处理流程"，在"保存类型"中选择需要存储的文件格式（这里选择的格式为Photoshop格式），如图 19-12 所示。设置完毕后，单击"保存"按钮，文件即被保存。

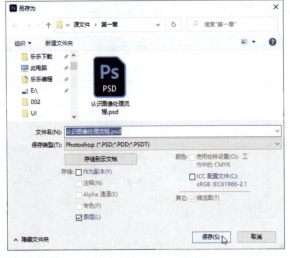

图 19-12 "另存为"对话框

 技巧

在 Photoshop 2021 中可以通过"置入"命令将其他格式的图片导入当前文档，在图层中会自动以智能对象的形式显示。

 **19.3 设置、使用标尺与参考线**

 01 实例目的

了解标尺和参考线的使用方法。

02 实例要点

- "新建"、"打开"和"保存"命令的使用。
- 移动工具的应用。
- 改变标尺单位。
- 创建参考线。
- 填充前景色。

03 操作步骤

步骤 1 ▶ 执行菜单栏中"文件"→"打开"命令，打开随书附带的"第 19 章/素材/舌头"文件，如图 19-13 所示。

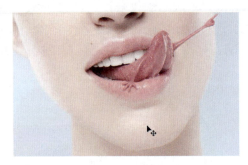

图 19-13 素材

步骤 2 ▶ 执行菜单栏中"视图"→"标尺"命令或按快捷键 Ctrl+R，可以显示或隐藏标尺，如图 19-14 所示。

图 19-14 标尺

步骤 3 ▶ 执行菜单栏中"编辑"→"首选项"→"单位与标尺"命令，弹出"首选项"对话框，在其中可以设置标尺的单位、列尺寸、新文档预设分辨率和点/派卡大小，在此只设置标尺的"单位"为"厘米"，其他参数不变，如图 19-15 所示。

第 19 章 初识 Photoshop

图 19-15 "首选项"对话框

> **技巧**
> 在标尺上单击鼠标右键,会弹出设置标尺的菜单,在其中可以快速更改标尺的单位。

步骤 4 ▶▶ 设置完毕后,单击"确定"按钮,标尺的单位发生改变,如图 19-16 所示。

图 19-16 改变标尺单位

步骤 5 ▶▶ 执行菜单栏中"视图"→"新建参考线"命令,弹出"新建参考线"对话框,选中"垂直"单选按钮,设置"位置"为"1.5 厘米"后,单击"确定"按钮,如图 19-17 所示。

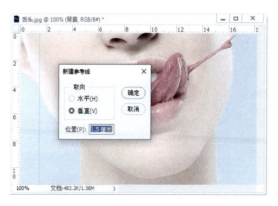

图 19-17 设置参考线位置(1)

步骤 6 ▶▶ 执行菜单栏中"视图"→"新建参考线"命令,打开"新建参考线"对话框,选中"水平"单选按钮,设置"位置"为"9.5 厘米"后,单击"确定"按钮,如图 19-18 所示。

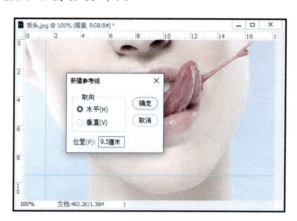

图 19-18 设置参考线位置(2)

> **技巧**
> 改变标尺原点时,如果要使标尺原点对齐标尺上的刻度,则拖曳时按住 Shift 键即可。如果想恢复标尺的原点,则在标尺左上角交叉处双击鼠标左键即可还原。

> **技巧**
> 将鼠标光标指向标尺,按住鼠标左键向工作窗口水平或垂直拖曳,在目的地释放鼠标后,在工作窗口将会显示参考线;选择 (移动工具),当鼠标指向参考线时,按住鼠标左键便可移动参考线到工作窗口的位置;将参考线拖曳到标尺处即可删除参考线。

步骤 7 ▶▶ 在工具箱中单击切换前景色与背景色按钮 ,将前景色设置为白色,背景色设置为黑色,如图 19-19 所示。

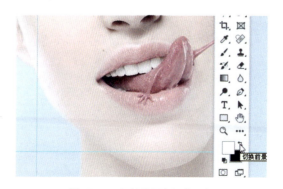

图 19-19 切换前景色与背景色

步骤 8 ▶ 使用 ■（横排文字工具），设置合适的文字大小和文字字体后，在页面上输入白色文字"创意图像"，如图 19-20 所示。

图 19-20　键入文字

步骤 9 ▶ 执行菜单栏中"视图"→"清除参考线"命令清除参考线。在"图层"面板中拖曳"创意图像"文字图层到 ■（创建新图层）按钮上，得到"创意图像 拷贝"图层，如图 19-21 所示。

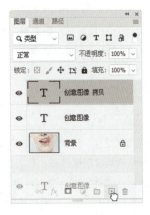

图 19-21　复制图层

步骤 10 ▶ 将"创意图像 拷贝"图层上的文字颜色设置为青色，并使用 ■（移动工具）将其稍微向上移动一点，如图 19-22 所示。

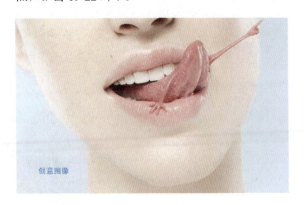

图 19-22　移动

19.4 设置暂存盘和使用内存

01 实例目的
使软件的运行速度更快。

02 实例要点
- 设置软件的暂存盘。
- 设置软件的内存。

03 操作步骤

步骤 1 ▶ 执行菜单栏中"编辑"→"首选项"→"暂存盘"命令，弹出"首选项"对话框，设置暂存盘 1 为"D:\"，暂存盘 3 为"G:\"，暂存盘 4 为"H:\"，如图 19-23 所示。

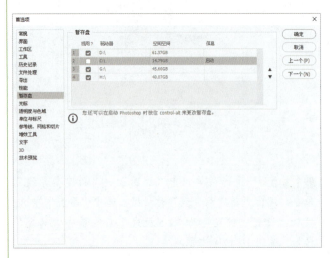

图 19-23　设置暂存盘

步骤 2 ▶ 设置完毕后，单击"确定"按钮，暂存盘即可应用。

> **技巧**
> 第一盘符最好设置为软件的安装位置，其他的可以按照自己硬盘的大小设置预设盘符。

步骤 3 ▶ 执行菜单栏中"编辑"→"首选项"→"性能"命令，弹出"首选项"对话框，设置

"高速缓存级别"为"6",Photoshop 占用的最大内存为 60%,如图 19-24 所示。

图 19-24 设置"高速缓存级别"

步骤 4 ▶▶ 设置完毕,单击"确定"按钮后,在下一次启动该软件时更改即可生效。

19.5 设置显示颜色

01 实例目的
设置最接近需要的显示颜色。

02 实例要点
➢ 在不同工作环境下设置不同显示颜色。

03 操作步骤

步骤 1 ▶▶ 执行菜单栏中"编辑"→"颜色设置"命令,弹出"颜色设置"对话框。选择不同的色彩配置,在下方的说明框中会出现详细的文字说明,如图 19-25 所示。按照不同的提示,可以自行设置颜色。由于每个人使用 Photoshop 处理的工作不同,因此计算机的配置也不同,这里将其设置为最普通的模式。

步骤 2 ▶▶ 设置完毕,单击"确定"按钮后,便可使用设置的颜色工作。

图 19-25 "颜色设置"对话框

> **技巧**
>
> "颜色设置"命令可以保证用户建立的 Photoshop 2021 文档有稳定、精确的色彩输出,并提供将 RGB(红色、绿色、蓝色)标准的计算机彩色显示器显示模式向 CMYK(青色、洋红、黄色、黑色)的转换设置。

第20章 图片处理技巧与实战

本章讲解使用 Photoshop 处理图片的技巧,包括添加图片边框、改变照片的分辨率、旋转和剪裁照片、使用修复画笔处理图片、合成全景照片、制作老照片效果等内容。

第 20 章　图片处理技巧与实战

20.1 改变画布大小，添加图片边框

01 实例目的

学习如何改变画布大小。

02 实例要点

- "打开"命令的使用。
- "画布大小"命令的使用。

03 操作步骤

步骤 1 ▶▶ 执行菜单栏中"文件"→"打开"命令，打开随书附带的"第 20 章/素材/钓鱼"文件，如图 20-1 所示。

图 20-1　素材

步骤 2 ▶▶ 执行菜单栏中"图像"→"画布大小"命令，打开"画布大小"对话框，勾选"相对"复选框，设置"宽度"和"高度"都为 1 厘米，如图 20-2 所示。

图 20-2　"画布大小"对话框

步骤 3 ▶▶ 单击"画布扩展颜色"后面的色块，弹出"拾色器（画布扩展颜色）"对话框，设置颜色为 R：78，G：91，B：107，如图 20-3 所示。

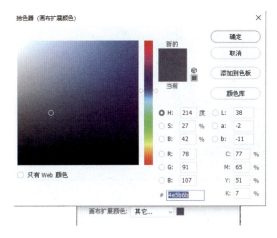

图 20-3　设置画布扩展颜色

步骤 4 ▶▶ 设置完毕后，单击"确定"按钮，返回"画布大小"对话框，再单击"确定"按钮，完成画布大小的修改，效果如图 20-4 所示。

图 20-4　扩展画布后

步骤 5 ▶▶ 执行菜单栏中"图像"→"画布大小"命令，打开"画布大小"对话框，勾选"相对"复选框，设置"宽度"和"高度"都为 0.5 厘米，将"画布扩展颜色"设置为"黑色"，如图 20-5 所示。

图 20-5　"画布大小"对话框

步骤 6 ▶ 设置完毕后，单击"确定"按钮，至此本例制作完毕，效果如图 20-6 所示。

图 20-6 最终效果

20.2 改变照片分辨率

01 实例目的

了解在"图像大小"中改变图像分辨率的方法。

02 实例要点

- 打开素材。
- 设置图像分辨率。

03 操作步骤

步骤 1 ▶ 打开随书附带的"第 20 章 / 素材 / 街拍"文件，将其作为背景，如图 20-7 所示。

步骤 2 ▶ 执行菜单栏中"图像"→"图像大小"命令，打开"图像大小"对话框，将"分辨率"设置为 300 像素 / 英寸，如图 20-8 所示。

"图像大小"对话框中的各项设置含义如下：

- 图像大小：显示图像像素的大小。
- 尺寸：选择尺寸显示单位。
- 调整为：在下拉列表中选择设置的方式。选择"自定"后，可以重新定义图像像素的"宽度"和"高度"，单位有像素和百分比。更改像素尺寸不仅会影响屏幕上显示图像的大小，还会影响图像品质、打印尺寸和分辨率。

图 20-7 素材

图 20-8 "图像大小"对话框

- 重新采样：在调整图像大小的过程中，系统会将原图的像素颜色按一定的内插方式重新分配给新像素。在下拉菜单中可以选择内插方式，包括自动、保留细节、邻近、两次线性、两次立方、两次立方较平滑和两次立方较锐利。

- 自动：按照图像的特点，在放大或缩小时系统自动进行处理。
- 保留细节：在图像放大时可以将图像中的细节部分保留。
- 邻近：不精确的内插方式，以直接舍弃或复制邻近像素的方法来增加或减少像素。此运算方式虽最快，但会产生锯齿效果。
- 两次线性：取上、下、左、右4个像素的平均值来增加或减少像素，品质介于邻近和两次立方之间。
- 两次立方：取周围8个像素的加权平均值来增加或减少像素。由于参与运算的像素较多，因此运算速度较慢，但是色彩的连续性最好。
- 两次立方较平滑：运算方法与两次立方相同，但是色彩连续性会增强，适合增加像素时使用。
- 两次立方较锐利：运算方法与两次立方相同，但是色彩连续性会降低，适合减少像素时使用。

注意

在调整图像大小时，位图图像与矢量图像会产生不同的结果：位图图像与分辨率有关，在更改位图图像的像素尺寸时可能导致图像品质和锐化程度损失；矢量图像与分辨率无关，可以随意调整大小，不会影响边缘的平滑度。

技巧

在"图像大小"对话框中，更改像素大小时，文档大小会跟随改变，分辨率不发生变化；更改文档大小时，像素大小会跟随改变，分辨率不发生变化；更改分辨率时，像素大小会跟随改变，文档大小不发生变化。

技巧

像素大小、文档大小和分辨率三者之间的关系可用如下的公式来表示：

$$像素大小 / 分辨率 = 文档大小$$

技巧

如果想把之前的小图像变大，则最好不要直接调整为最终大小，会使图像的细节大量丢失，可以将小图像一点一点地往大调整，使图像的细节少丢失一点。

步骤 3 ▶ 设置完毕后，单击"确定"按钮，效果如图20-9所示。

图20-9 分辨率调整为300像素/英寸

 **旋转命令制作横幅变直幅效果**

01 实例目的

了解"图像旋转"命令的应用。

02 实例要点

- "打开"命令的使用。
- "图像旋转"命令的使用。

03 操作步骤

步骤 1 ▶ 执行菜单栏中"文件"→"打开"命令，打开随书附带的"第20章/素材/横躺照片"文件，如图20-10所示。

步骤 2 ▶ 执行菜单栏中"图像"→"图像旋转"→"逆时针90度"命令，如图20-11所示。

图 20-10　素材

技 巧

执行菜单栏中"编辑"→"变换"→"水平翻转画布"或"垂直翻转画布"命令，同样可以对图像进行水平或垂直翻转。此命令不能直接应用在"背景"图层中。

技 巧

用 Photoshop 处理图像时难免会出现一些错误，或在处理到一定程度时不方便与原效果进行对比，这时只要通过 Photoshop 中的"复制"命令就可以将当前选取的文件，创建一个复制品来作为参考。执行菜单栏中"图像"→"复制"命令，系统会为当前文档新建一个副本文档，当改变源文件时，副本不会受到影响。

技 巧

使用 Photoshop 处理图像时，难免会出现错误。当错误出现后，如何还原是非常重要的一项操作，此时只要执行菜单栏中的"编辑"→"还原"命令或按快捷键 Ctrl+Z 便可以返回一步。

步骤 3 ▶▶ 执行后，横躺的照片会变为直幅效果，将其存储后，再在电脑中打开时，照片会永远以直幅效果显示，如图 20-12 所示。

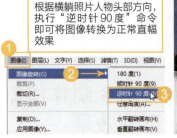

图 20-11　旋转菜单　　图 20-12　直幅

温馨提示

在"图像旋转"子菜单中的"顺时针 90 度"和"逆时针 90 度"命令是常用于转换直幅与横幅的命令。

步骤 4 ▶▶ 执行菜单栏中"图像"→"图像旋转"→"水平翻转画布或垂直翻转画布"命令，会将当前照片进行翻转处理，效果如图 20-13 所示。

图 20-13　翻转

 **20.4　2 寸照片的裁剪与制作**

01 实例目的

了解"裁剪工具"和"描边"命令的应用。

02 实例要点

- 打开素材。
- "裁剪工具"的使用。
- "描边"命令的使用。

03 操作步骤

步骤 1 ▶▶ 执行菜单栏中"文件"→"打开"命令，打开随书附带的"第 20 章 / 素材 / 人物照片 01"文件，如图 20-14 所示。

第 20 章 图片处理技巧与实战

步骤 2 ▶▶ 在工具箱中选择 ▣（裁剪工具）后，在属性栏中设置宽度为 3.5 厘米、高度为 5.3 厘米、分辨率为 150 像素/英寸，如图 20-15 所示。

步骤 3 ▶▶ 此时在图像中会出现一个裁剪框，使用鼠标拖动裁剪框或移动图像的方法即可选择最终保留的区域，如图 20-16 所示。

图 20-14 素材

图 20-15 裁剪图像大小和分辨率

步骤 4 ▶▶ 将鼠标指针移动到裁剪框的右下角，按下鼠标旋转裁剪框，效果如图 20-17 所示。

图 20-16 调整裁剪框　　图 20-17 旋转裁剪框

步骤 5 ▶▶ 按回车键完成裁剪操作，如图 20-18 所示。

图 20-18 裁剪后

温馨提示

设定后的裁剪值可以在多个图像中使用，若设置固定大小，则裁剪多个图像后都具有相同的图像大小和分辨率。裁剪后的图像与绘制的裁剪框大小无关。

步骤 6 ▶▶ 照片裁剪后，为其添加描边，按快捷键 Ctrl+J 复制背景到图层 1，执行菜单栏中"编辑"→"描边"命令，打开"描边"对话框，其中的参数设置如图 20-19 所示。

步骤 7 ▶▶ 设置完毕，单击"确定"按钮，完成本例的制作，效果如图 20-20 所示。

图 20-19 "描边"对话框　　图 20-20 最终效果

20.5 倾斜照片的校正

01 实例目的

了解"标尺工具"和"任意旋转"命令的应用。

02 实例要点

- "打开"命令的使用。
- "标尺工具"的使用。
- "任意旋转"命令的使用。
- "裁剪工具"的使用。

03 操作步骤

步骤 1 ▶▶ 执行菜单栏中"文件"→"打开"命令，打开随书附带的"第 20 章/素材/倾斜照片"文件，如图 20-21 所示。

图 20-21 素材

步骤 2 ▶▶ 在工具箱中选择 ▭（标尺工具）后，沿海平面绘制出一条标尺线，如图20-22所示。

图20-22 绘制标尺线

步骤 3 ▶▶ 在属性栏中单击"拉直图层"按钮，将图像根据绘制的标尺拉直，效果如图20-23所示。

图20-23 拉直效果

步骤 4 ▶▶ 使用 ▭（裁剪工具）绘制裁剪框，按回车键完成裁剪，此时倾斜照片便被校正，效果如图20-24所示。

图20-24 校正效果

温馨提示

对于老版本的Photoshop，在调整倾斜图像时，必须通过"任意角度"命令结合 ▭（裁剪工具）才能完成，操作步骤如图20-25所示。

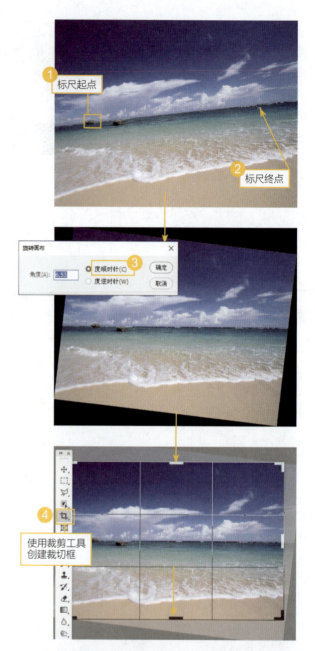

图20-25 调整倾斜图像操作步骤

 **20.6 调整曝光不足的照片**

01 实例目的

了解"曝光度"命令与"色阶"命令的应用。

02 实例要点

- 打开素材。
- 使用"曝光度"命令调整曝光。
- 使用"色阶"命令增强层次感。

03 操作步骤

步骤 1 执行菜单栏中"文件"→"打开"命令，打开随书附带的"第20章/素材/曝光不足照片"文件，将其作为背景，如图20-26所示。

步骤 2 执行菜单栏中"图像"→"调整"→"曝光度"命令，打开"曝光度"对话框，其中的参数设置如图20-27所示。

图20-26 素材　　　图20-27 "曝光度"对话框

 技巧

曝光度：用来调整色调范围的高光，可对阴影产生轻微影响；位移：用来使阴影和中间调变暗，可对高光产生轻微影响；灰度系数校正：用来设置高光与阴影之间的差异。

步骤 3 设置完毕后，单击"确定"按钮，效果如图20-28所示。

步骤 4 执行菜单栏中"图像"→"调整"→"色阶"命令，打开"色阶"对话框，分别调整中间调和高光的控制滑块，如图20-29所示。

 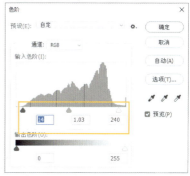

图20-28 调整曝光效果　　　图20-29 "色阶"对话框

步骤 5 设置完毕后，单击"确定"按钮，至此本例制作完毕，效果20-30所示。

 技巧

单击"自动"按钮可以将暗部和亮部自动调整到最暗和最亮，效果与使用"色阶"命令相同。

图20-30 最终效果

 技巧

对于初学者来说，可以直接通过执行菜单栏中"图像"→"自动色调"命令来快速处理曝光不足的照片。

 **20.7 用修复画笔工具抚平头部伤疤**

01 实例目的

了解修复画笔工具的应用。

02 实例要点

- 打开文件。
- 修复画笔工具的使用。

03 操作步骤

步骤 1 ▶▶ 执行菜单栏中"文件"→"打开"命令或按快捷键 Ctrl+O，打开随书附带的"第 20 章 / 素材 / 伤疤"文件，如图 20-31 所示。

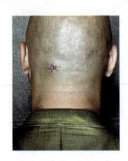

图 20-31 素材

步骤 2 ▶▶ 单击工具箱中的 （修复画笔工具），设置画笔"大小"为"25 像素"、"硬度"为"100%"、"间距"为"25%"、"角度"为"0°"、"圆度"为"100%"、"模式"为"正常"，选中"取样"按钮，在伤疤附近的位置，按住键盘上的 Alt 键并单击鼠标左键选取取样点，如图 20-32 所示。

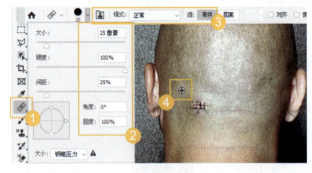

图 20-32 取样

技巧

在选项栏中选中"取样"按钮，在图像中必须按住 Alt 键才能采集样本；选中"图案"按钮，可以在右侧的下拉菜单中选择图案来修复图像。

步骤 3 ▶▶ 取样后，松开 Alt 键，在图像中有伤疤的地方涂抹覆盖伤疤，如图 20-33 所示。

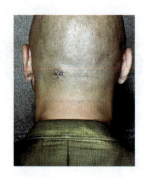

图 20-33 效果（1）

步骤 4 ▶▶ 反复选取取样点后，将整个伤疤去除，效果如图 20-34 所示。

步骤 5 ▶▶ 整个伤疤修复完成后，效果如图 20-35 所示。

技巧

在使用 （修复画笔工具）修复图像时，画笔的大小和硬度是非常重要的，硬度越小，边缘的羽化效果越明显。

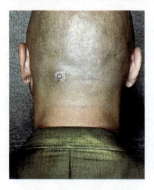 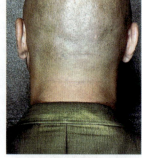

图 20-34 效果（2）　　图 20-35 效果（3）

步骤 6 ▶▶ 执行菜单栏中"图像"→"调整"→"色阶"命令，打开"色阶"对话框，参数设置如图 20-36 所示。

步骤 7 ▶▶ 设置完毕后，单击"确定"按钮，至此本例制作完毕，最终效果如图 20-37 所示。

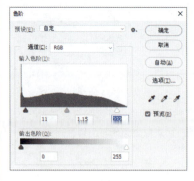 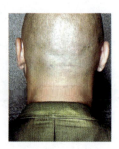

图 20-36 "色阶"对话框　　图 20-37 最终效果

20.8 用污点修复画笔工具快速修掉毛绒玩具上的污渍

01 实例目的

了解污点修复画笔工具的应用。

02 实例要点

- 打开文件。
- 设置污点修复画笔工具的属性栏。
- 使用污点修复画笔工具去除污点。

03 操作步骤

步骤 1 ▶▶ 执行菜单栏中"文件"→"打开"命令或按快捷键 Ctrl+O，打开随书附带的"第 20 章 / 素材 / 毛绒玩具"文件，如图 20-38 所示。

图 20-38 素材

步骤 2 ▶▶ 单击工具箱中 （污点修复画笔工具），设置画笔"大小"为"26 像素"、"硬度"为"100%"、"间距"为"25%"、"角度"为"0°"、"圆度"为"100%"、"模式"为"正常"，选中"内容识别"按钮，如图 20-39 所示。

图 20-39 设置属性

步骤 3 ▶▶ 使用鼠标在图像上有污渍的地方涂抹，如图 20-40 所示。

步骤 4 ▶▶ 松开鼠标按键后，污渍就会被去除，如图 20-41 所示。

图 20-40 涂抹　　　　图 20-41 去除污渍

步骤 5 ▶▶ 使用 （污点修复画笔工具）在有污点的地方反复涂抹，直到去除污渍为止。至此本例制作完成，最终效果如图 20-42 所示。

图 20-42 最终效果

> **技巧**
> 使用污点修复画笔工具去除图像上的污渍时，画笔的大小是非常重要的，稍微大一点就会将边缘没有污渍的图像也去除了。

20.9 合成全景照片

01 实例目的

了解"自动对齐图层"命令的应用。

02 实例要点

- 打开素材并移到所选素材中。
- 全选图层并应用"自动对齐图层"命令。

- 转换颜色模式。
- 应用"USM 锐化"滤镜。
- 创建"色相/饱和度"调整图层。

03 操作步骤

步骤 1 ▶▶ 执行菜单栏中"文件"→"打开"命令或按快捷键 Ctrl+O，打开随书附带的"第 20 章/素材/1、2、3、4"文件，如图 20-43 所示。

图 20-43　素材

步骤 2 ▶▶ 选择其中一个素材，使用 ✥（移动工具）将另外三个素材拖动到所选素材中，如图 20-44 所示。

步骤 3 ▶▶ 按住 Ctrl 键在每个图层上单击，将所有图层选取，如图 20-45 所示。

图 20-44　移动素材　　　图 20-45　选取图层

步骤 4 ▶▶ 执行菜单栏中"编辑"→"自动对齐图层"命令，打开"自动对齐图层"对话框，参数设置如图 20-46 所示。

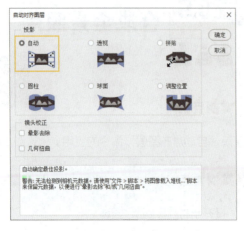

图 20-46　"自动对齐图层"对话框

步骤 5 ▶▶ 设置完毕后，单击"确定"按钮，此时会将素材拼合成一个整体图像，如图 20-47 所示。

图 20-47　拼合后

步骤 6 ▶▶ 使用 ⌗.（裁剪工具）在图像中创建裁剪框，按回车键完成裁剪，效果如图 20-48 所示。

图 20-48　裁剪效果

步骤 7 ▶▶ 执行菜单栏中"图像"→"模式"→"lab 颜色"命令，弹出如图 20-49 所示的警告对话框。

图 20-49　警示对话框

步骤 8 ▶▶ 单击"合并"按钮，将 RGB 颜色转换为 lab 颜色，在"通道"面板中选择"明度"通道，如图 20-50 所示。

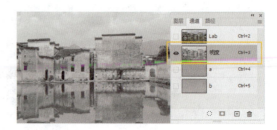

图 20-50　选择通道

技巧

在 lab 颜色模式的"明度"通道中编辑图像,会最大限度地保留原有图像的像素。

步骤 9 执行菜单栏中"滤镜"→"锐化"→"USM 锐化"命令,打开"USM 锐化"对话框,参数设置如图 20-51 所示。

图 20-51 "USM 锐化"对话框

技巧

使用"USM 锐化"滤镜对模糊图像进行清晰处理时,可根据图像进行参数设置,近景半身像参数可以比本例的参数设置得小一些,可以设置数量为 75%、半径为 2 像素、阈值为 6 色阶;若图像为主体柔和的花卉、水果、昆虫、动物,建议设置数量为 150%、半径为 1 像素,阈值根据图像中的杂色分布情况确定,数值大一些也可以;若图像为线条分明的石头、建筑、机械,建议设置半径为 3 或 4 像素,同时将数量设置得稍微小一些,才不会导致像素边缘出现光晕或杂色。

步骤 10 设置完毕后,单击"确定"按钮,效果如图 20-52 所示。

图 20-52 锐化后效果

步骤 11 执行菜单栏中"图像"→"模式"→"RGB 颜色"命令,将 lab 颜色转换为 RGB 颜色,效果如图 20-53 所示。

步骤 12 单击 （创建新的填充和调整图层）按钮,在弹出的菜单中执行"色相/饱和度"命令,在弹出的"属性"面板中设置"色相"和"饱和度"的参数,如图 20-54 所示。

图 20-53 转换颜色后效果　　图 20-54 设置"色相"和"饱和度"的参数

步骤 13 至此本例制作完毕,最终效果如图 20-55 所示。

图 20-55 最终效果

20.10 将模糊照片调整清晰

01 实例目的

在 Photoshop 中,即使不用锐化滤镜同样会让模糊照片变得清晰一些。

02 实例要点

- "打开"命令的使用。
- "高反差保留"滤镜。
- "线性光"混合模式。

03 操作步骤

步骤 1 ▶▶ 执行菜单栏中"文件"→"打开"命令或按快捷键 Ctrl+O，打开随书附带的"第 20 章 / 素材 / 奔跑"文件，如图 20-56 所示。

步骤 2 ▶▶ 按快捷键 Ctrl+J，复制背景图层得到一个图层 1，如图 20-57 所示。

图 20-56　素材　　　　　图 20-57　图层 1

步骤 3 ▶▶ 执行菜单栏中"滤镜"→"其它"→"高反差保留"命令，打开"高反差保留"对话框，设置"半径"为 2 像素，如图 20-58 所示。

步骤 4 ▶▶ 设置完毕后，单击"确定"按钮，效果如图 20-59 所示。

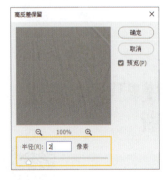 

图 20-58　"高反差保留"对话框　　图 20-59　高反差保留后效果

步骤 5 ▶▶ 设置混合模式为"线性光"，如图 20-60 所示。

步骤 6 ▶▶ 调整后的效果如图 20-61 所示。

图 20-60　混合模式设置　　图 20-61　混合模式后效果

步骤 7 ▶▶ 在"图层"面板中单击 （创建新的填充或调整图层）按钮，在弹出的菜单中选择"色阶"选项，打开"属性"面板，在面板中向右拖动阴影控制点，向左拖动高光控制点，如图 20-62 所示。

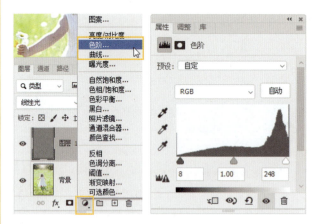

图 20-62　调整色阶

步骤 8 ▶▶ 至此本例制作完毕，最终效果如图 20-63 所示。

图 20-63　最终效果

第 20 章　图片处理技巧与实战

温馨提示

对于整体都需要锐化的图片，可以使用相应的锐化命令，若只想将局部变得清晰一些，则只要使用锐化工具轻轻一涂，涂过的地方就会变得清晰。

20.11 制作老照片效果

图 20-65 "色阶"对话框

01 实例目的

了解"颗粒"的应用。

02 实例要点

- 打开素材。
- 应用"色阶"调整对比度。
- 应用"渐变映射"调整色调。
- 设置混合模式为"正片叠底"。
- 应用"颗粒"滤镜。
- 应用画笔工具编辑蒙版。
- 在图层蒙版中应用"纤维"滤镜。
- 应用"添加杂色"滤镜。
- 创建"黑白"调整图层。

图 20-66 色阶调整后效果

技 巧

使用"色阶"命令调整图像的目的是为了增加图片的对比度，加强整体的层次感。

03 操作步骤

步骤 1 ▶ 执行菜单栏中"文件"→"打开"命令或按快捷键 Ctrl+O，打开随书附带的"第 20 章 / 素材 / 模特 02"文件，如图 20-64 所示。

图 20-64 素材

步骤 2 ▶ 执行菜单栏中"图像"→"调整"→"色阶"命令，打开"色阶"对话框，参数设置如图 20-65 所示。

步骤 3 ▶ 设置完毕后，单击"确定"按钮，效果如图 20-66 所示。

步骤 4 ▶ 执行菜单栏中"图像"→"调整"→"渐变映射"命令，单击渐变条，打开"渐变编辑器"对话框，参数设置如图 20-67 所示。

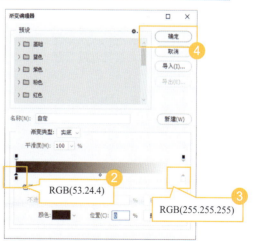

图 20-67 参数设置

步骤 5 ▶ 设置完毕后，单击"确定"按钮，效果如图 20-68 所示。

图 20-68 渐变映射后效果

步骤 6 ▶ 复制"背景"图层，得到"背景 拷贝"图层，设置混合模式为"正片叠底"，效果如图 20-69 所示。

图 20-69 混合模式效果

步骤 7 ▶ 新建图层 1，将其填充为白色，执行菜单栏中"滤镜"→"滤镜库"命令，打开滤镜库对话框，执行"纹理"→"颗粒"命令，打开"颗粒"对话框，参数设置如图 20-70 所示。

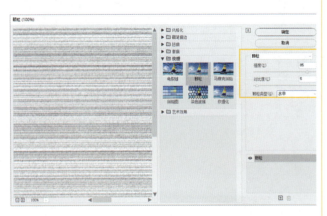

图 20-70 "颗粒"对话框

步骤 8 ▶ 设置完毕后，单击"确定"按钮，设置混合模式为"划分"、"不透明度"为"30%"，效果如图 20-71 所示。

步骤 9 ▶ 单击 ■（添加图层蒙版）按钮，图层 1 会被添加一个空白蒙版，使用 ✎（画笔工具），设置前景色为黑色，在图层 1 中的人物上涂抹，效果如图 20-72 所示。

图 20-71 颗粒后效果

图 20-72 涂抹后效果

步骤 10 ▶ 新建图层 2，将其填充为白色，单击 ■（添加图层蒙版）按钮，为图层 2 添加一个空白蒙版，执行菜单栏中"滤镜"→"渲染"→"纤维"命令，打开"纤维"对话框，参数设置如图 20-73 所示。

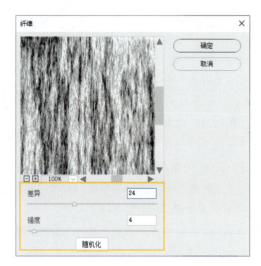

图 20-73 "纤维"对话框

步骤 11 ▶ 设置完毕后，单击"确定"按钮，效果如图 20-74 所示。

第 20 章　图片处理技巧与实战

图 20-74　纤维后效果

步骤 12 ▶ 设置混合模式为"柔光"、"不透明度"为"42%"，效果如图 20-75 所示。

图 20-75　混合模式效果

步骤 13 ▶ 新建图层 3，将其填充为白色，执行菜单栏中"滤镜"→"杂色"→"添加杂色"命令，打开"添加杂色"对话框，参数设置如图 20-76 所示。

图 20-76　"添加杂色"对话框

步骤 14 ▶ 设置完毕后，单击"确定"按钮，设置混合模式为"划分"、"不透明度"为"20%"，效果如图 20-77 所示。

图 20-77　添加杂色后效果

步骤 15 ▶ 单击 ◎（创建新的填充或调整图层）按钮，在弹出的菜单中选择"黑白"选项，打开黑白调整"属性"面板，参数设置如图 20-78 所示。

图 20-78　黑白调整参数设置

步骤 16 ▶ 至此本例制作完毕，最终效果如图 20-79 所示。

图 20-79　最终效果

203

第21章 海报设计技巧与实战

本章主要应用 Photoshop 进行海报设计。通过对两个实例的设计思路、方法进行专业讲解,让大家迅速掌握海报的设计技巧。

第 21 章 海报设计技巧与实战

21.1 办公实例：电影海报

01 实例目的

掌握混合模式、图层蒙版、变换等使用方法。

02 操作步骤

步骤 1 ▶ 新建一个宽度为 13 厘米、高度为 18 厘米、分辨率为 150 像素/英寸的空白文档，打开随书附带的"第 21 章/素材/材质 1"，使用 ✥（移动工具）将素材移到新建文档，如图 21-1 所示。

图 21-1 移入素材

步骤 2 ▶ 在菜单栏中执行"文件"→"打开"命令或按 Ctrl+O 键，打开随书附带的"第 21 章/素材/蘑菇云"，将其拖曳到新建文档，设置混合模式为"明度"，如图 21-2 所示。

混合模式为"明度"

图 21-2 设置混合模式

步骤 3 ▶ 打开"领狮人"素材，将其移动到新建文档，如图 21-3 所示。

图 21-3 移入素材

步骤 4 ▶ 单击添加图层蒙版按钮 ◻，使用 ✎（画笔工具）在蘑菇云边缘涂抹黑色，设置混合模式为"正片叠底"、"不透明度"为"64%"，如图 21-4 所示。

图 21-4 设置蒙版

步骤 5 ▶ 复制"领狮人"图层得到"领狮人 拷贝"图层，打开"人物"素材，移动到文档，设置混合模式为"变暗"。添加蒙版后，使用画笔工具涂抹黑色，编辑没有隐藏的区域，效果如图 21-5 所示。

图 21-5 编辑没有隐藏的区域

步骤 6 ▶ 复制人物图层,在菜单栏中执行"编辑"→"变换"→"垂直翻转"命令,将图像翻转,在腿部创建选区后按 Ctrl+T 键调出变换框,将腿部拉长,效果如图 21-6 所示。

图 21-6 翻转并拉长

步骤 7 ▶ 按回车键完成变换,选择蒙版缩览图,使用 ■.(渐变工具)在蒙版中从上向下拖动鼠标填充从白到黑的渐变蒙版,如图 21-7 所示。

图 21-7 填充渐变蒙版

步骤 8 ▶ 新建图层"云",使用 ✔.(画笔工具)选择云彩笔触,绘制白色云彩,如图 21-8 所示。

图 21-8 绘制白色云彩

步骤 9 ▶ 新建图层"画笔",使用 ✔.(画笔工具)选择纹理笔触,绘制蓝色纹理,设置混合模式为"滤色",如图 21-9 所示。

图 21-9 绘制蓝色纹理

步骤 10 ▶ 添加图层蒙版,使用 ✔.(画笔工具)在人物处绘制黑色蒙版,效果如图 21-10 所示。

图 21-10 绘制黑色蒙版

步骤 11 ▶ 复制"画笔"图层,得到"画笔 拷贝"图层,在菜单栏中执行"编辑"→"变换"→"水平翻转"命令,移动图像到相应位置,效果如图 21-11 所示。

图 21-11 移动图像

步骤 12 ▶ 绘制黑色墨迹笔触，输入文字，效果如图 21-12 所示。

步骤 15 ▶ 按 Ctrl+D 键去除选区，完成本例的制作，最终效果如图 21-15 所示。

图 21-12　绘制黑色墨迹笔触

步骤 13 ▶ 选择文字图层，执行"文字"→"栅格化文字图层"命令，将文字变为普通图层，按住 Ctrl 键单击"墨迹"缩览图，调出选区，如图 21-13 所示。

图 21-13　单击"墨迹"缩览图

步骤 14 ▶ 调出选区后，使用 （移动工具），单击键盘上的方向键，将选区移到与文字相交的区域，填充为白色，效果如图 21-14 所示。

图 21-14　填充后效果

图 21-15　最终效果

21.2 办公实例：文化海报

01 实例目的

掌握使用便条纸、调整不透明度、设置混合模式的方法。

02 操作步骤

步骤 1 ▶ 新建一个宽度为 25 厘米、高度为 36 厘米、分辨率为 150 像素 / 英寸的空白文档，在菜单栏中执行"滤镜"→"滤镜库"命令，在打开的"滤镜库"对话框中选择"素描"下的"便条纸"选项，打开"便条纸"对话框。设置"图像平衡"为 30、"粒度"为 4、"凸现"为 14，如图 21-16 所示。

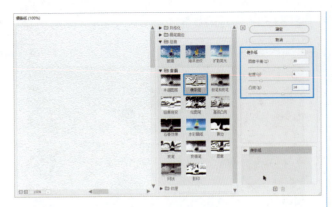

图 21-16 "便条纸"对话框

步骤 2 ▶▶ 设置完毕后单击"确定"按钮,效果如图 21-17 所示。

图 21-17 设置效果

步骤 3 ▶▶ 新建图层 1,将其填充为黑色,设置"不透明度"为"5%",如图 21-18 所示。

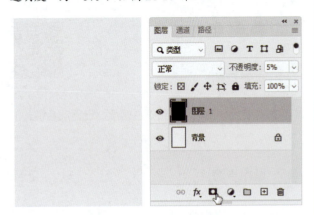

图 21-18 设置不透明度

步骤 4 ▶▶ 在菜单栏中执行"文件"→"打开"命令或按 Ctrl+O 键,打开随书附带的"第 21 章/素材/水墨画",使用 ✥ (移动工具)将素材中的图像拖曳到新建文档,设置混合模式为"变暗",如图 21-19 所示。

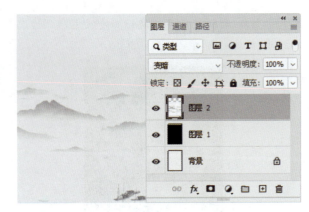

图 21-19 设置混合模式为"变暗"

步骤 5 ▶▶ 在菜单栏中执行"文件"→"打开"命令或按 Ctrl+O 键,打开随书附带的"第 21 章/素材/古建筑",使用 ✥ (移动工具)将素材中的图像拖曳到新建文档,设置混合模式为"颜色加深",如图 21-20 所示。

图 21-20 设置混合模式为"颜色加深"

步骤 6 ▶▶ 单击 ▢ (添加图层蒙版)按钮,为图层 3 创建一个图层蒙版,使用 ✎ (画笔工具)绘制黑色笔触来编辑图层蒙版,如图 21-21 所示。

图 21-21 编辑图层蒙版

第 21 章 海报设计技巧与实战

步骤 7 ▶ 单击 ⚫（创建新的填充或调整图层）按钮，在弹出的菜单中选择"黑白"命令，在"属性"面板设置各项参数；在"图层"面板设置"不透明度"为"63%"，如图 21-22 所示。

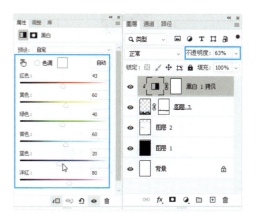

图 21-22 设置"属性"面板和"图层"面板

步骤 8 ▶ 新建图层 4，将前景色设置为红色，使用 ✏（画笔工具）绘制一个墨点笔触，如图 21-23 所示。

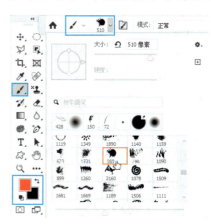

图 21-23 绘制墨点笔触

步骤 9 ▶ 新建图层 5，使用 ✏（画笔工具）绘制一个红色蜻蜓笔触，如图 21-24 所示。

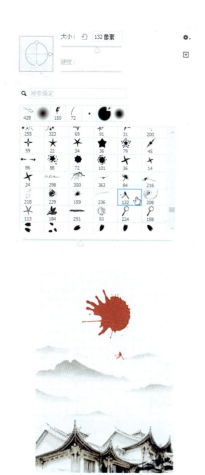

图 21-24 绘制红色蜻蜓笔触

步骤 10 ▶ 新建图层 6，使用 ✏（画笔工具）绘制一个红色墨迹笔触，如图 21-25 所示。

图 21-25 绘制红色墨迹笔触

步骤 11 ▶ 按 Ctrl+T 键调出变换框，拖动控制点变换墨迹，如图 21-26 所示。

步骤 12 ▶ 按回车键完成变换，使用 T（横排文字工具）输入书法字体的文字"礼"和青色的文字"文化"，如图 21-27 所示。

图 21-26 变换墨迹　　　　图 21-27 输入文字

步骤 13 ▶ 选择"礼"图层,按 Ctrl+J 键复制一个拷贝层,向下移动后,调整"不透明度"为"11%",如图 21-28 所示。

图 21-28 调整"不透明度"

步骤 14 ▶ 输入英文单词 CULTURE,并放到红色墨点的下方。使用 IT（直排文字工具）输入文字"中国礼文化",在"字符"面板中调整参数,如图 21-29 所示。

图 21-29 "字符"面板

步骤 15 ▶ 使用 T（横排文字工具）输入文字"文明古国 礼仪之邦",如图 21-30 所示。

图 21-30 输入"文明古国 礼仪之邦"

步骤 16 ▶ 新建图层 7,使用 （自定形状工具）绘制黑色的花 1 边框形状。新建图层 8,使用 （椭圆工具）在花 1 边框形状中绘制一个黑色正圆,效果如图 21-31 所示。

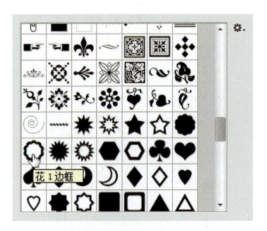

图 21-31 绘制花 1 边框和正圆

步骤 17 ▶ 新建图层 9,使用 （画笔工具）绘制一个黑色花纹笔触,如图 21-32 所示。

云",使用 ⊕(移动工具)将素材中的图像拖曳到新建文档,设置混合模式为"颜色减淡",如图 21-35 所示。

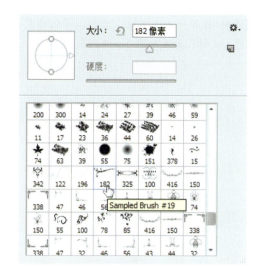

图 21-34 输入文字

图 21-32 绘制黑色花纹笔触

步骤 18 ▶ 复制图层 9 的三个拷贝层,通过水平翻转和垂直翻转命令调整花纹,如图 21-33 所示。

图 21-35 设置混合模式

步骤 21 ▶ 复制图层 10 的三个拷贝层,移动到合适位置,调整祥云大小,如图 21-36 所示。

图 21-33 调整花纹

步骤 19 ▶ 使用 T(横排文字工具)在"文明古国礼仪之邦"的下方输入文字,如图 21-34 所示。

步骤 20 ▶ 在菜单栏中执行"文件"→"打开"命令或按 Ctrl+O 键,打开随书附带的"第 21 章 / 素材 / 祥

图 21-36 调整位置和大小

步骤 22 ▶ 在菜单栏中执行"文件"→"打开"命令或按 Ctrl+O 键,打开"第 21 章 / 素材 / 竹叶",使用 ✣ (移动工具)将素材中的图像拖曳到新建文档,按 Shift+Ctrl+U 键去除颜色,如图 21-37 所示。

图 21-37　移入素材

步骤 23 ▶ 按 Ctrl+J 键复制一个拷贝层,在菜单栏中执行"编辑"→"变换"→"水平翻转"命令,将拷贝层图像翻转后移到左上角,至此本例制作完毕,效果如图 21-38 所示。

图 21-38　本例制作效果

步骤 24 ▶ 打开一个"展板"素材,将制作完成的文化海报移入文档,效果如图 21-39 所示。

图 21-39　展板效果

第22章 广告设计技巧与实战

本章以广告设计实例中的基本操作为出发点,选择简单的操作路径,从而达到用最少的时间和精力制作出精美的设计效果。

Word/Excel/PPT/PS 就这么高效

22.1 办公实例：插画

01 实例目的

掌握渐变填充、调整图层、玻璃滤镜的使用方法。

02 操作步骤

步骤 1 新建一个宽度为18厘米、高度为13.5厘米、分辨率为150像素/英寸的空白文档，将前景色设置为 R:6 G:32 B:61，背景色设置为 R:1 G:101 B:148，使用 ■（渐变工具）在文档中填充从上到下的线性渐变，效果如图 22-1 所示。

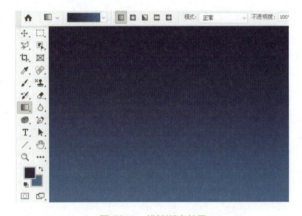

图 22-1　线性渐变效果

步骤 2 新建图层1，将前景色与背景色都设置为黑色，使用 ✏（画笔工具）在画笔拾色器中选择草笔触，在文档中绘制黑色草，如图 22-2 所示。

图 22-2　绘制黑色草

步骤 3 在菜单栏中执行"文件"→"打开"命令或按 Ctrl+O 键，打开随书附带的"第 22 章/素材/月亮、人、自行车和树"，如图 22-3 所示。

图 22-3　素材

步骤 4 使用 ✥（移动工具）将素材中的图像拖曳到新建的空白文档，效果如图 22-4 所示。

图 22-4　拖曳图像到空白文档

步骤 5 将前景色设置为白色、背景色设置为黑色，为对应图层命名。选择"月亮"所在的图层，单击添加图层蒙版按钮 ▢ 添加蒙版，使用 ■（渐变工具）在蒙版中拖动，填充从上到下的线性渐变，设置混合模式为"滤色"，设置"不透明度"为"23%"，如图 22-5 所示。

图 22-5　设置蒙版

第 22 章　广告设计技巧与实战

步骤 6 ▶▶ 将前景色设置为黑色,新建图层并命名为"小狗",选择 (自定义形状工具)后,在属性栏中设置工具模式为"像素",在拾色器中选择小狗图形,在文档中绘制黑色小狗,如图 22-6 所示。

理,设置混合模式为"颜色加深",如图 22-11 所示。

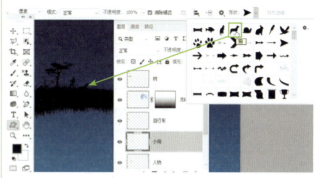

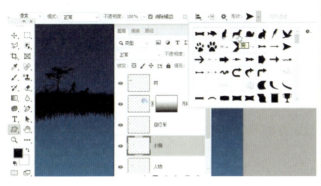

图 22-6　绘制黑色小狗

图 22-8　"图层样式"对话框

步骤 7 ▶▶ 新建图层,使用 (画笔工具)在画笔拾色器中选择小精灵画笔,在文档中绘制小精灵,如图 22-7 所示。

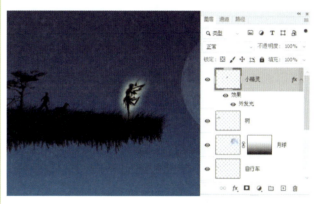

图 22-9　外发光效果

图 22-7　绘制小精灵

图 22-10　绘制白色纹理

提示

此处使用的画笔笔触是通过"载入画笔"命令选择的"云朵 3"画笔。

步骤 8 ▶▶ 在菜单栏中执行"图层"→"图层样式"→"外发光"命令,打开"图层样式"对话框,参数设置如图 22-8 所示。

步骤 9 ▶▶ 设置完毕后,单击"确定"按钮,效果如图 22-9 所示。

步骤 10 ▶▶ 新建图层"纹理",使用 (画笔工具)在图层中绘制白色纹理,如图 22-10 所示。新建图层"黄纹理",使用 (画笔工具)在图层中绘制黄色纹

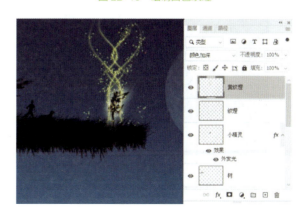

图 22-11　设置混合模式

215

步骤 11 ▶ 新建图层"星星"和"云彩",使用 ✎ (画笔工具)在图层中绘制白色星星笔触和云彩笔触,如图 22-12 所示。

图 22-12 绘制笔触

步骤 12 ▶ 按 Ctrl+Shift+Alt+E 键盖印图层,如图 22-13 所示。

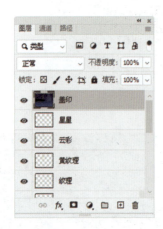

图 22-13 盖印图层

步骤 13 ▶ 绘制矩形选区,先按 Ctrl+X 键剪切选区,再按 Ctrl+V 键粘贴选区,最后按 Ctrl+T 键调出变换框,拖动选区将其垂直翻转,效果如图 22-14 所示。

图 22-14 翻转选区

图 22-14 翻转选区(续)

步骤 14 ▶ 按回车键完成变换,在菜单栏中执行"滤镜"→"滤镜库"命令,打开"滤镜库"对话框后,选择"扭曲"中的"玻璃",打开"玻璃"对话框,参数设置如图 22-15 所示。

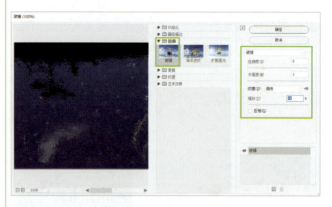

图 22-15 "玻璃"对话框

步骤 15 ▶ 设置完毕后,单击"确定"按钮,效果如图 22-16 所示。

图 22-16 制作效果

步骤 16 ▶ 使用 ▭ (矩形选框工具)绘制羽化为 50 的矩形选区,如图 22-17 所示。

图 22-17 绘制矩形选区

步骤 17 ▶ 在"图层"面板中单击 ●（创建新的填充或调整图层按钮），在弹出的菜单栏中选择"亮度"→"对比度"命令，打开"属性"面板，参数设置如图 22-18 所示。

图 22-18 "属性"面板

步骤 18 ▶ 设置完毕后，完成本例的制作，效果如图 22-19 所示。

图 22-19 最终效果

22.2 办公实例：汽车广告

01 实例目的

掌握动作、合并图层、去色、平滑选区的使用方法。

02 操作步骤

步骤 1 ▶ 新建一个宽度为 18 厘米、高度为 13.5 厘米、分辨率为 150 像素/英寸的空白文档，将文档填充为淡灰色。在菜单栏中执行"文件"→"打开"命令或按 Ctrl+O 键，打开随书附带的"第 22 章/素材/小车"，如图 22-20 所示。

图 22-20 素材

步骤 2 ▶ 使用 ✥（移动工具）将素材中的图像拖曳到新建的空白文档，按 Ctrl+T 键调出变换框，拖动控制点将图像缩小，如图 22-21 所示。

图 22-21 缩小图像

步骤 3 ▶ 按回车键完成变换，在菜单栏中执行"窗口"→"动作"命令，打开"动作"面板，单击创建新动作按钮 ，在弹出的"新建动作"对话框中设置"名称"为"复制"，如图 22-22 所示。

图 22-22 "新建动作"对话框

步骤 4 单击"记录"按钮后，按 Ctrl+J 键复制图层并移动图像位置，如图 22-23 所示。

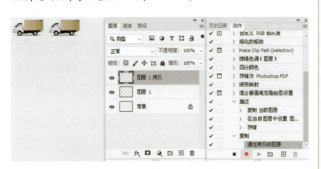

图 22-23 复制图层

步骤 5 单击停止播放/记录按钮，如图 22-24 所示；单击播放选定的动作按钮，如图 22-25 所示。

图 22-24 停止播放/ 图 22-25 播放选定的
记录按钮　　　　　动作按钮

步骤 6 多次单击播放选定的动作按钮，复制图层，如图 22-26 所示。

步骤 7 按 Ctrl+E 键 7 次，向下复制合并图层，如图 22-27 所示。

步骤 8 将所有图层合并为一个图层，在菜单栏中执行"图像"→"调整"→"去色"命令，将图像去色，变为黑白效果，如图 22-28 所示。

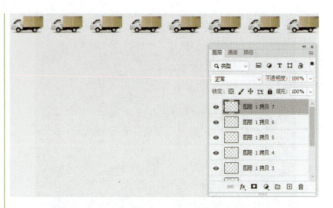

图 22-26 复制图层

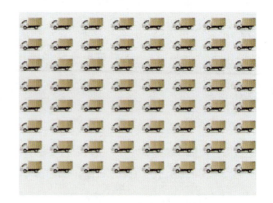

图 22-27 复制合并图层

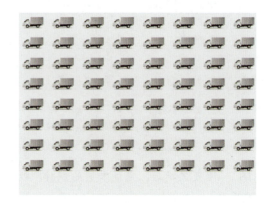

图 22-28 去色

步骤 9 使用（移动工具）将"小车"素材中的图像拖曳到新建的文档中，按 Ctrl+T 键调出变换框，拖动控制点将图像缩小，按回车键完成变换，如图 22-29 所示。

步骤 10 新建图层，使用（矩形选框工具）在文档中绘制矩形选区并将选区填充为黑色，如图 22-30 所示。

步骤 11 在菜单栏中执行"选择"→"修改"→"平滑"命令，打开"平滑选区"对话框，设置"取样半径"为 15 像素，单击"确定"按钮，如图 22-31 所示。

第 22 章 广告设计技巧与实战

图 22-29 完成变换

图 22-30 填充选区

图 22-31 设置"取样半径"

步骤 12 ▶ 将选区填充为土黄色，按 Ctrl+D 键去除选区，效果如图 22-32 所示。

图 22-32 填充土黄色

步骤 13 ▶ 使用 ☆（自定义形状工具）在文档中绘制黑色星星，如图 22-33 所示。

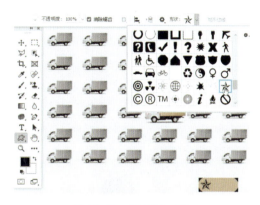

图 22-33 绘制黑色星星

步骤 14 ▶ 使用文字工具输入相应文字，完成本例的制作，效果如图 22-34 所示。

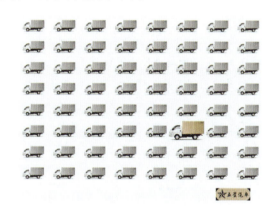

图 22-34 最终效果

22.3 办公实例：网络购物

01 实例目的

掌握定义图案、图案填充、球面化、图样样式的使用方法。

02 操作步骤

步骤 1 ▶ 新建一个宽度为 30 厘米、高度为 9 厘米、分辨率为 300 像素/英寸的空白文档，绘制一个灰色三角形，如图 22-35 所示。

219

图 22-35 绘制灰色三角形

步骤 2 ▶ 在菜单栏中执行"文件"→"打开"命令或按 Ctrl+O 键,打开随书附带的"第 22 章 / 素材 / 奥利奥",如图 22-36 所示。

图 22-36 打开素材

步骤 3 ▶ 在菜单栏中执行"编辑"→"定义图案"命令,打开"图案名称"对话框,参数设置如图 22-37 所示。

图 22-37 "图案名称"对话框

步骤 4 ▶ 设置完毕后单击"确定"按钮,转换到新建文档,单击创建新的填充或调整图层按钮,在弹出的菜单中选择"图案"命令,打开"图案填充"对话框,参数设置如图 22-38 所示。

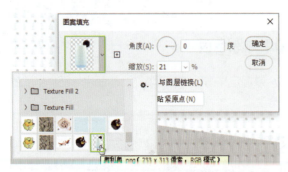

图 22-38 "图案填充"对话框

步骤 5 ▶ 设置完毕后单击"确定"按钮,设置混合模式为"明度"、"不透明度"为"26%",如图 22-39 所示。

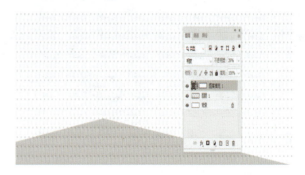

图 22-39 设置"图层"面板

步骤 6 ▶ 复制"图案填充 1"图层,得到"图案填充 1 拷贝"图层,设置混合模式为"正常"、"不透明度"为"33%"。选择蒙版缩览图,使用（渐变工具）从左向右填充从白色到黑色的线性渐变,效果如图 22-40 所示。

图 22-40 填充线性渐变

步骤 7 ▶ 打开素材"飘带 2"和"台球",使用（移动工具）将其移动到新建文档中,效果如图 22-41 所示。

图 22-41 添加素材

步骤 8 ▶ 复制飘带所在的图层,得到一个拷贝层,将其调整到下一层并调小,如图 22-42 所示。

图 22-42 复制飘带所在的图层

第 22 章 广告设计技巧与实战

步骤 9 ▶▶ 在菜单栏中执行"滤镜"→"模糊"→"高斯模糊"命令,打开"高斯模糊"对话框,设置"半径"为 5 像素,如图 22-43 所示。

图 22-43 "高斯模糊"对话框

步骤 10 ▶▶ 设置完毕后单击"确定"按钮,设置"不透明度"为"45%",如图 22-44 所示。

图 22-44 设置"不透明度"

步骤 11 ▶▶ 打开素材"贴图",复制三个拷贝层并移动图层位置,合并副本图层,绘制正圆选区,如图 22-45 所示。

步骤 12 ▶▶ 在菜单栏中执行"滤镜"→"扭曲"→"球面化"命令,打开"球面化"对话框,参数设置如图 22-46 所示。

步骤 13 ▶▶ 设置完毕后单击"确定"按钮,反选选区,按 Delete 键清除选区内容,球面化后的效果如图 22-47 所示。

图 22-45 复制图层

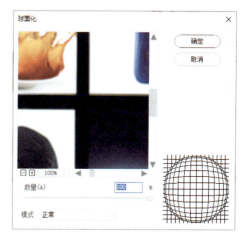

图 22-46 "球面化"对话框

图 22-47 球面化后的效果

步骤 14 ▶ 新建图层，绘制椭圆选区并填充黑色，执行"滤镜"→"模糊"→"高斯模糊"命令，打开"高斯模糊"对话框，设置"半径"为6像素，单击"确定"按钮。调整不透明度，效果如图22-48所示。

图 22-48　调整不透明度

步骤 15 ▶ 按 Ctrl+D 键去除选区，选择球体所在的图层，单击添加图层样式按钮 fx，为文字图层添加"内阴影"，参数设置如图22-49所示。

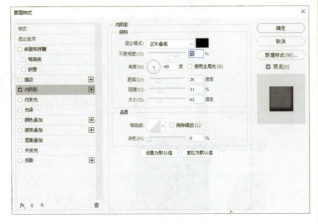

图 22-49　"图层样式"对话框

步骤 16 ▶ 设置完毕后单击"确定"按钮，效果如图22-50所示。

图 22-50　添加内阴影效果

步骤 17 ▶ 使用 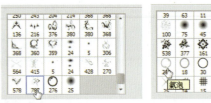（画笔工具）在画笔拾色器中选择气泡和纹理笔触，在文档中绘制黄色气泡和黄色纹理，如图22-51所示。

图 22-51　绘制黄色气泡和黄色纹理

步骤 18 ▶ 输入相应文字完成本例的制作，效果如图22-52所示。

图 22-52　最终效果